TEACHING MATERIALS
FOR COLLEGE STUDENTS
高等学校教材

地基处理与加固

主 编 李 静

副主编 杨文东 张 媛

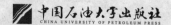

中国石油大学出版社
CHINA UNIVERSITY OF PETROLEUM PRESS

图书在版编目(CIP)数据

地基处理与加固/李静主编. —东营:中国石油
大学出版社,2015.8
　　ISBN 978-7-5636-4905-1

　　Ⅰ.①地… Ⅱ.①李… Ⅲ.①地基处理 Ⅳ.
①TU472

　　中国版本图书馆 CIP 数据核字(2015)第 200285 号

中国石油大学(华东)规划教材

书　　名:地基处理与加固

主　　编:李　静

副 主 编:杨文东　张　媛

责任编辑:秦晓霞(电话 0532—86983567)

封面设计:赵志勇

出 版 者:中国石油大学出版社(山东 东营　邮编 257061)

网　　址:http://www.uppbook.com.cn

电子信箱:shiyoujiaoyu@126.com

印 刷 者:沂南县汶凤印刷有限公司

发 行 者:中国石油大学出版社(电话 0532—86981531,86983437)

开　　本:185 mm×260 mm　印张:11.5　字数:274 千字

版　　次:2015 年 9 月第 1 版第 1 次印刷

定　　价:23.00 元

前言

随着我国国民经济以及科学技术的迅猛发展，结构物的荷载日益增大，对变形的要求也越来越严，原来一般可评价为良好的地基，在特定条件下却需要进行地基处理。在土木、水利、交通等各类工程中，地基问题常常是引起各类工程事故的主要原因之一。因此，不仅要针对不同的地质条件、不同的结构物选取最合适的基础方案，还要善于选取最恰当的地基处理方法。地基处理的目的是利用换填、夯实、挤密、排水、胶结、化学和加筋等方法对地基土进行加固，用以改造地基土的剪切性、压缩性和特殊地基的特性。

目前国内外的地基处理方法很多，每一种地基处理方法都有它的适用范围和局限性。结合《建筑地基处理技术规范》(JGJ 79—2012)的技术要求，本书详细介绍了土木工程中常用的地基处理方法，阐明了各种地基处理方法的加固机理、设计计算方法、施工工艺以及质量检验方法，每种地基处理方法均附有工程实例。

本书共分为六章，按地基处理的作用机理进行讲述，包括砂(砂石、碎石)垫层、粉煤灰垫层、强夯、碎(砂)石桩、石灰桩、水泥粉煤灰碎石桩、堆载预压、真空预压、高压喷射注浆、水泥土搅拌桩、加筋土挡墙等技术。第一～第四章由李静编写，第五章由杨文东编写，第六章由张媛编写，全书由李静统稿。

本书参考和引用了许多科研机构、高校以及工程单位的研究成果和工程实例，张艳美副教授、井文君讲师为本书的编写提出了许多宝贵意见，硕士研究生韩晨、彭成乐、范作松、王昌、侯江朋协助完成了部分插图的制作以及校对工作，在此一并表示衷心的感谢。

限于作者水平，书中不当和错误之处在所难免，敬请广大读者批评指正，我们将不胜感激。

编　者
2015 年 6 月

目 录

第1章

绪 论

1.1 地基处理的目的和意义

任何建（构）筑物的荷载最终都将传递给地基，并由地基承担。地基是指承托建筑物基础的那一部分范围很小的场地，即承受由基础传来荷载的土（或岩）层称为地基。位于基础底面下的第一层土层称为持力层，在其以下的土层统称为下卧层。我国地域辽阔，自然地理环境不同，土质各异，地质条件区域性较强，使地基处理成为一门复杂学科。随着我国经济建设的蓬勃发展，除了在地质条件良好的场地从事建设，有时也不得不在地质条件不好的场地进行建设；另外，随着高层建筑的迅猛发展，结构物的荷载日益增大，对变形的要求也越来越严格，因此必须对地基进行处理与加固。

目前地基所面临的问题主要有以下四个方面：

（1）承载力及稳定性问题。当地基的抗剪强度不足以支承上部结构的自重及外荷载时，地基就会产生局部或整体剪切破坏。

（2）沉降及不均匀沉降问题。当地基在上部结构的自重及外荷载作用下产生过大的变形时，就会影响结构物的正常使用，特别是超过建（构）筑物所能容许的不均匀沉降时，结构物可能会发生开裂破坏。沉降量过大时，不均匀沉降往往也较大。湿陷性黄土遇水而发生剧烈的变形就属于这一类地基问题。

（3）地基的渗漏问题。地基的渗透量或水力坡降超过容许值时，会发生较大水量损失，或因潜蚀和管涌使地基失稳而导致建（构）筑物破坏。

（4）地基的液化问题。地震、机器以及车辆的振动、海浪作用和爆破等动力荷载可能引起地基土，特别是饱和无黏性土的液化、失稳和震陷等危害。这类地基问题也可分别概括于上述稳定和变形问题中，只不过它是由于动力荷载引起的。

在土木工程建筑中，当天然地基存在上述四种问题之一或者其中几个时，就需要采用相应的地基处理措施，以保证建筑物的安全与正常使用。

根据调查统计，世界各国的土木、水利、交通等工程中，地基问题常常是引起各类工程事故的主要原因。地基问题的处理恰当与否，直接关系到整个工程建设质量的可靠性、投资的合理性以及施工进度。因此，地基处理的重要性已经被越来越多的人所认识和了解。

地基处理是利用换填、夯实、挤密、排水、胶结、加筋和热学等方法对地基土进行加固，用以改良地基土的工程特性，从而提高地基承载力，减小地基沉降，有时也为了减小地基的渗透性。地基处理的目的主要表现为以下几个方面：

（1）提高地基土的抗剪强度。地基的剪切破坏表现为：建（构）筑物的地基承载力不够；偏心荷载及侧向土压力的作用使建（构）筑物失稳；填土或建（构）筑物荷载使邻近的地基土产生隆起；土方开挖时边坡失稳；基坑开挖时坑底隆起。地基的剪切破坏反映了地基土的抗剪强度不足，因此，为了防止剪切破坏，就需要采取一定措施以增加地基土的抗剪强度。

（2）降低地基的压缩性。地基的压缩性表现为：建（构）筑物的沉降和差异沉降较大，填土或建（构）筑物荷载使地基产生固结沉降；作用于建（构）筑物基础的负摩擦力引起建（构）筑物的沉降；大范围地基的沉降和不均匀沉降；基坑开挖引起邻近地面沉降；由于降水，地基产生固结沉降。地基的压缩性反映在地基土压缩模量指标的大小上。因此，需要采取措施以提高地基土的压缩模量，从而减少地基的沉降或不均匀沉降。

（3）改善地基土的透水特性。地基的透水特性表现为：堤坝等基础产生的地基渗漏；基坑开挖工程中，因土层内夹薄层粉砂或粉土而产生流砂和管涌。这些都是地下水的运动中所出现的问题。为此，必须采取措施使地基土降低透水性和减少其上的水压力。

（4）改善地基的动力特性。地基的动力特性表现为：地震时饱和松散粉细砂（包括部分粉土）将产生液化；由于交通荷载或打桩等原因，使邻近地基产生振动下沉。为此，需要采取措施防止地基液化并改善其振动特性，以提高地基的抗震性能。

（5）改善特殊土的不良地基特性。主要是消除或减弱黄土的湿陷性和膨胀土的胀缩特性等。

天然地基是否需要进行地基处理取决于地基土的性质和建（构）筑物对地基的要求两个方面。地基处理的对象是软弱地基和特殊土地基。

软弱地基（soft foundation）是指主要由淤泥、淤泥质土、冲填土、杂填土或其他高压缩性土层构成的地基。

特殊土地基（special ground）的大部分具有地区性特点，具体包括软土、湿陷性黄土、人工填土、膨胀土、有机土和泥炭土、红黏土、冻土、岩溶土和垃圾填埋土等。

1.2　地基处理方法分类及应用范围

灰土垫层基础和短桩处理技术在我国应用历史悠久，可追溯到数千年以前，而大量应用的地基处理技术是伴随现代文明而产生的。现有的地基处理方法很多，新的地基处理方法还在不断发展。地基处理方法可以从地基处理的原理、地基处理的目的、地基处理的性质、地基处理的时效和动机等不同角度进行分类。这里仅根据地基处理的作用机理进行分类如下。

1.2.1　换填垫层法

换填垫层法的基本原理是挖除浅层软弱土或不良土，分层碾压或夯实换填材料。垫层按换填的材料可分为砂（或砂石）垫层、碎石垫层、粉煤灰垫层、干渣垫层、土（灰土）垫层等。干渣分为分级干渣、混合干渣和原状干渣；粉煤灰分为湿排灰和调湿灰。换填垫层法可提高持力层的承载力，减少沉降量；消除或部分消除土的湿陷性和胀缩性；防止土的冻胀作用及改善土的抗液化性。常用机械碾压、平板振动和重锤夯实方法进行施工。该法常用于基坑面积宽大和开挖土方较大的回填土方工程。一般适用于处理浅层软弱土层(淤泥质土、松散素填土、杂填土、浜填土,以及已完成自重固结的冲填土等)与低洼区域的填筑,处理深度一般为 2～3 m,还适用于处理浅层非饱和软弱土层、湿陷性黄土、膨胀土、季节性冻土、素填土和杂填土。

1.2.2 置换法

置换法的基本原理是以砂、碎石等材料置换软土,与未加固部分形成复合地基,达到提高地基强度的目的。

(1)振冲置换法(或称碎石桩法)。

振动置换法是利用一种单向或双向振动的振冲器,在黏性土中边喷高压水流边下沉成孔,然后边填入碎石边振实,形成碎石桩。桩体和原来的黏性土构成复合地基,从而达到提高地基承载力和减小沉降的目的。该法适用于地基土的不排水抗剪强度大于 20 kPa 的淤泥、淤泥质土、砂土、粉土、黏性土和人工填土等地基。对不排水抗剪强度小于 20 kPa 的软黏土地基,采用碎石桩时须慎重。

(2)石灰桩法。

通过机械或人工成孔的方法,在软弱地基中填入生石灰(或生石灰与其他活性掺合料粉煤灰、煤渣等),通过生石灰的吸水、膨胀、放热以及离子交换作用改善桩间土的物理力学性质,使桩体与土形成复合地基,从而提高地基承载力,减少沉降。该法适用于软黏性土地基和杂填土。

(3)强夯置换法。

对厚度小于 7 m 的软弱土层,边强夯边填碎石,形成深度 3～7 m、直径 2 m 左右的碎石墩体,碎石墩与周围土体形成复合地基以提高承载力,减小沉降。该法适用于软黏土地基和粉砂土地基等。

(4)换土垫层法。

将软弱土或不良土开挖至一定深度,回填抗剪强度较高、压缩性较小的岩土材料,如砂、砾、石渣等,并分层夯实,形成双层地基,提高地基承载力,减小沉降。该法适用于各种软弱地基。

(5)挤淤置换法。

通过抛石或夯击回填碎石置换淤泥达到加固地基的目的,也有采用爆破挤淤置换的。该法适用于淤泥或淤泥质黏土地基。

(6)褥垫法。

当建(构)筑物地基的一部分压缩性小,一部分压缩性大时,为避免不均匀沉降,在压缩性较小的区域,通过换填法铺设一定厚度可压缩性土料形成褥垫层,以减小沉降差。该法适用于建(构)筑物部分坐落在土上,部分坐落在基岩上,以及类似情况。

1.2.3 振密、挤密法

振密、挤密法的原理是采用振动或挤密的方法使未饱和土密实,使地基土体孔隙比减小,达到提高地基承载力和减小沉降的目的。

（1）土桩、灰土桩法。

采用沉管法、爆扩法和冲击法在地基中设置土桩或灰土桩,在成桩过程中挤密桩间土,由挤密的桩间土和密实的土桩或灰土桩形成土（或灰土）桩复合地基,以提高地基承载力和减小沉降,有时也为了消除湿陷性黄土的湿陷性。该法适用于位于地下水位以上的湿陷性黄土、杂填土和素填土等地基。

（2）夯实水泥桩法。

在地基中人工挖孔,然后填入水泥与土的混合物,外层夯实,形成水泥土桩复合地基,提高承载力和减小沉降。该法适用于地下水位以上的湿陷性黄土、杂填土和素填土等地基。

（3）柱锤冲扩桩法。

在地基中采用直径 $300\sim500$ mm,长 $2\sim5$ m,质量 $1\sim8$ t 的柱状锤,将地基土层冲击成孔,然后将拌合好的填料分层填入桩孔夯实,形成柱锤冲扩桩复合地基,以提高地基承载力和减小沉降。该法适用于地下水位以上的湿陷性黄土、杂填土和素填土等地基。

（4）孔内夯扩法。

根据工程地质条件,采用人工挖孔、螺旋钻成孔或振动沉管等方法在地基成孔,回填灰土、水泥土、矿渣土、碎石等填料,在孔内夯实填料并挤密桩间土,由桩间土和夯实的填料形成复合地基,以达到提高承载力、减小沉降的目的。

（5）爆破法。

利用爆破产生振动使土体产生液化和变形,从而获得较大的密实度,提高地基承载力和减小沉降量。该法适用于饱和净砂、非饱和但经灌水饱和的砂、粉土和湿陷性黄土。

（6）重锤夯实法。

利用重锤自由下落时的冲击能来击实浅层土,使其表面形成一层较为均匀的硬壳层。该法适用于无黏性土、杂填土、非饱和黏性土及湿陷性黄土。

（7）表层密实法。

采用人工（或机械）夯实、机械碾压（或振动）对填土、湿陷性黄土、松散无黏性土等软弱或原来比较疏松的表层土进行压实,也可采用分层回填方法压实加固。该法适用于含水量接近于最佳含水量的浅层疏松黏性土、松散砂性土、湿陷性黄土及杂填土等。

1.2.4 排水固结法

排水固结的基本原理是软黏土地基在荷载作用下,土中孔隙水慢慢排出,孔隙比减小,地基发生固结变形。同时,随着超静水压力逐渐消散,土的有效应力增大,地基土的强度逐步增大,以达到提高地基承载力、减少工后沉降的目的。排水固结法主要包括以下几种:

（1）堆载预压法。

在建造建（构）筑物以前,通过临时堆填土石等方法对地基加载预压,预先完成部分或大部分地基沉降,并通过地基土固结提高地基承载力,然后撤除荷载,再建造建（构）筑物。临时的预压堆载一般等于建（构）筑物的荷载,但为了减小由于次固结而产生的沉降,预压荷载也可大于建（构）筑物荷载,称为超载预压。该法适用于软黏土、杂填土和泥炭土地基等。

（2）真空预压法。

在黏性土层上铺设砂垫层,然后用薄膜密封砂垫层,用真空泵对砂垫层及砂井抽气和抽水,使地下水位降低,同时在大气压力作用下加速地基固结。该法适用于能在加固区形成稳定负压边界条件的软土地基。

(3)砂井法(包括袋装砂井、塑料排水带等)。

在软黏土地基中,设置一系列砂井,在砂井之上铺设砂垫层或砂沟,人为地增加土层固结排水通道,缩短排水距离,从而加速固结,并加速强度增长。砂井法通常辅以堆载预压,称为砂井堆载预压法。该法适用于透水性低的软弱黏性土,但不适用于泥炭土等含有机质沉积物的土层。

(4)降低地下水位法。

降低地下水位虽然不能改变地基中的总应力,但能减少孔隙水压力,使有效应力增大,促进地基固结。该法适用于砂性土或透水性较好的软黏土层。

(5)电渗法。

在地基中形成直流电场,在电场作用下,地基土体产生排水固结,达到提高地基承载力、减小工后沉降的目的。该法适用于饱和软黏土地基。

1.2.5 胶结法

胶结法的基本原理是在软弱地基中部分土体内掺入水泥、水泥砂浆以及石灰等固化物,形成加固体,与未加固部分形成复合地基,以提高地基承载力和减小沉降。主要有以下几种方法:

(1)深层搅拌法。

用深层搅拌机将水泥浆或水泥粉和地基土原位搅拌形成圆柱状、格栅状或连续墙水泥土增强体,形成复合地基以提高地基承载力,减小沉降,也常用它形成水泥土防渗帷幕。深层搅拌法分喷浆搅拌法和喷粉搅拌法两种。该法适用于淤泥、淤泥质土、黏性土和粉土等软土地基,有机质含量较高时应通过试验确定其适用性。

(2)高压喷射注浆法。

此法过去称为旋喷桩。先利用钻机把带有喷嘴的注浆管钻入土中预定位置,以高压喷射直接冲击破坏土体,使水泥浆液或其他浆液与土拌和,凝固后成为拌和桩体。在软弱地基中设置这种柱体群,形成复合地基或挡土结构。该法适用于黏性土、冲填土、粉细砂和砂砾石等各种地基。

(3)灌浆法。

灌浆法是用压力泵把水泥或其他化学浆液灌入土体,以达到提高地基承载力、减小沉降、防渗、堵漏等目的。该法适用于处理岩基、砂土、粉土、淤泥质土、粉质黏土、黏土和一般人工填土,也可加固暗浜和在托换工程中应用。

1.2.6 加筋法

加筋法是在地基中设置强度高的土工聚合物、拉筋、受力杆件等模量大的筋材,以达到提高地基承载力、减少沉降的目的。强度高、模量大的筋材可以是钢筋混凝土,也可以是土工格栅、土工织物等。它主要包括以下几类:

（1）土工合成材料。

利用土工合成材料的高强度、高韧性等力学性能，扩散土中应力，增大土体的抗拉强度，改善土体或构成加筋土以及各种复合土工结构。该法适用于砂土、黏性土和填土，或用作反滤、排水和隔离材料。

（2）加筋土。

把抗拉能力很强的拉筋埋置在土层中，通过土颗粒和拉筋之间的摩擦力使拉筋和土体形成一个整体，用以提高土体的稳定性。该法适用于人工填土的路堤和挡墙结构。

（3）土钉墙法。

通常采用钻孔、插筋、注浆在土层中设置土钉，也可直接将杆件插入土层中，通过土钉和土形成加筋土挡墙以维持和提高土坡稳定性。该法适用于开挖支护和天然边坡的加固。

（4）锚杆支护法。

锚杆通常由锚固段、非锚固段和锚头三部分组成。锚固段处于稳定土层，可对锚杆施加预应力，用于维持边坡稳定。该法适用于需要将拉力传递到稳定土体中的工程，在软黏土地基中慎用。

（5）树根桩法。

该法是在地基中沿不同方向，设置直径为 70～250 mm 的小直径桩，可以是竖直桩，也可以是斜桩，形成如树根状的群桩，以支撑结构物，或用以挡土，稳定边坡。该法适用于软弱黏性土和杂填土地基。

1.2.7　冷热处理法

（1）冻结法。

冻结法是通过人工冷却，使地基温度降低到孔隙水的冰点以下，使之冷却，从而具有理想的截水性能和较高的承载能力。该法适用于饱和的砂土或软黏土地层中的临时处理。

（2）烧结法。

烧结法是通过渗入压缩的热空气和燃烧物，并依靠热传导，将细颗粒土加热到 100 ℃ 以上，从而增加土的强度，减小变形。该法适用于非饱和黏性土、粉土和湿陷性黄土。

1.2.8　纠倾与迁移

（1）加载纠倾法。

通过堆载或其他加载形式使沉降较小的一侧产生沉降，使不均匀沉降减小，以达到纠倾目的。该法适用于深厚软土地基。

（2）掏土纠倾法。

在建筑物沉降较小部位以下的地基中或在其附近的外侧地基中掏取部分土体，迫使沉降较小的部分进一步产生沉降以达到纠倾的目的。该法适用于各类不良地基。

（3）顶升纠倾法。

在墙体中设置顶升梁，通过千斤顶顶升整栋建筑物，不仅可以调整不均匀沉降，还可整体顶升至要求标高。该法适用于各类不良地基。

（4）综合纠倾法。

将加固地基与纠倾结合，或将几种方法综合应用。如综合应用静压锚杆法和顶升法、静压锚杆法和掏土法。该法适用于各类不良地基。

（5）迁移。

将整栋建筑物与原地基基础分离，通过顶推或牵拉移到新的位置。该法适用于需要迁移的建筑物。

应该指出的是，对地基处理方法进行严格的分类是十分困难的。不少地基处理方法同时具有几种不同的作用。例如，碎石桩具有置换、挤密、排水和加筋等多重作用；石灰桩具有挤密土体又吸水的作用，吸水后又进一步挤密土体等。此外，还有一些地基处理方法的加固机理和计算方法目前尚不十分明确，有待进一步探讨。

1.3 地基处理的基本原则

地基处理的核心是处理方法的正确选择与实施。选用地基处理方法要力求做到安全适用、经济合理、技术先进、确保质量，但是每种方法都有它的适用范围、局限性和优缺点，没有一种方法是万能的。工程地质条件千变万化，各工况对地基的要求也不同，而且机具、材料等条件也会因地区不同而有较大的差别。因此，对每一个工程都要进行具体、细致的分析，在引用某一方法时应克服盲目性，在选择处理方法时需要综合考虑各种影响因素，如建（构）筑物的体型、刚度、结构受力体系、建筑材料和使用要求，荷载大小、分布和种类，基础类型、布置和埋深，基底压力、天然地基承载力、稳定安全系数、变形容许值，地基土的类别、加固深度、上部结构要求、周围环境条件，材料来源、施工工期、施工队伍技术素质与施工技术条件、设备状况和经济指标等。对地基条件复杂、需要应用多种处理方法的重大项目，还要详细调查施工区内地形及地质成因、地基成层状况、软弱土层厚度、不均匀性和分布范围、持力层位置及状况、地下水情况及地基土的物理和力学性质；施工中需考虑对场地及邻近建（构）筑物可能产生的影响、占地大小、工期及用料等；另外，要注意保护环境，避免水污染和噪音污染。只有综合分析上述因素，坚持技术先进、经济合理、安全适用、确保质量的原则拟订处理方案，才能获得最佳的处理效果。

地基处理方案的选择和确定可根据下列步骤进行。

（1）收集详细的岩土工程勘察资料、上部结构及基础设计资料。它包括：建筑物场地所处的地形及地质成因、地基成层情况，软弱土层厚度、不均匀性和分布范围，持力层位置的状况，地下水情况及地基土的物理力学性质等。

（2）根据建筑物结构类型、荷载大小及使用要求，结合地形地貌、地层结构、土质条件、地下水特征、环境情况和对相邻建筑物的影响等因素，初步选出几种可供考虑的地基处理方法。

在选择地基处理方法时，应该同时考虑上部结构、基础和地基的共同作用，也可选用加强结构措施（如设置圈梁和沉降缝等）和处理地基相结合的方案。

（3）在因地制宜的前提下，对提出的多种地基处理方案进行技术、经济、进度等方面的比较分析，并考虑环境保护要求，确定采用一种或几种地基处理方法，这也是地基处理方案的优化。

值得注意的是,每一种地基处理方法都有一定的适用范围、局限性和优缺点,没有哪一种地基处理方法是万能的,必要时可以选择两种或多种地基处理方法组成的联合方法。

(4) 对初步确定的地基处理方案,根据需要决定是否进行小型现场试验或进行补充调查;然后进行施工设计,再进行地基处理施工,施工过程中要进行监测、检测,如有需要还应进行反分析,根据情况可对设计进行修改、补充。

1.4　地基处理工程的施工管理与效果检验

地基处理的施工技术,可以体现处理设计的意图。应该引起注意的是:有时设计人员虽然采用了较好的地基处理方法,但由于施工管理不善,如施工时对黏性土结构的扰动,或者由于机械行走的路线不太合理,使地基加固出现不均匀等情况,也就丧失了采用良好地基处理方法的优越性。因此,必须在施工中和施工后加强管理和检验。需要注意以下几点:

(1) 在地基处理施工过程中,只让现场人员了解如何施工是不够的,还必须使他们很好地了解所采用的地基处理方法的加固原理、技术标准和质量要求;经常进行施工质量和处理效果的检验,使施工符合规范要求,以保证施工质量。在地基处理施工中,应该严格掌握处理方法的各个环节的质量标准要求,如换土垫层法,填土压实时要达到最大干重度和最优含水量的要求,堆载预压的填土速率和边桩位移的控制,碎石桩的填料量、密实电流和留振时间的控制等等。

(2) 地基处理的施工要尽量提早安排,因为地基加固后的强度提高往往需要一定时间,大部分地基处理方法的加固效果并不是在施工结束后马上就能全部发挥出来,而是需要在施工完成后经过一段时间才能逐步达到加固地基的效果。地基加固后有一个时效作用,随着时间的延长,加固后的地基强度会逐渐增长,变形模量也会提高。因此,可以通过调整地基处理的施工速度来确保地基的稳定性和安全度。

(3) 在地基处理施工前、施工中和施工后,均须对被加固的地基进行现场测试,以便及时了解地基土加固效果,修正设计方案,调整施工进度。有时为了获得某些施工参数,还必须于施工前在现场进行地基处理的原位试验。有时在地基加固前,为了保证邻近建(构)筑物的安全,还要对邻近建(构)筑物或地下设施进行沉降和裂缝等监测。

1.5　地基处理技术国内外发展现状

早在2000多年前,人们就开始通过向软土中夯入碎石等材料来挤密软土,由此可见,我国地基处理有着悠久历史。随着地基处理工程实践的发展,人们在改造土的工程性质的同时,不断丰富了对土的特性的认识,从而进一步推动了地基处理技术和方法的更新,因而使其成为岩土工程领域中一个具有非常强的生命力的分支。

多年来,国外在地基处理技术方面的发展十分迅速,老方法得到改进,新方法不断涌现。在20世纪60年代中期,从如何提高土的抗拉强度这一思路中发展了土的"加筋法";从如何有利于土的排水和加速固结这一基本观点出发,采用了土工聚合物、砂井预压和塑料排水板等材料和工艺对地基土进行排水固结处理;从对深层地基土如何进行密实处理这一角度考虑采用加大击实功的措施,发展了"强夯法"和"振动水冲法"等。另外,现代工业的发展为地基工程提供了强有力的生产手段,能制造出重达几十吨的专用地基加固施工机械(采用强夯法时的起重机械);潜水电机的出现使振动水冲法的振冲器施工机械也随之产生;真空泵的问世使真空预压法可以实现;大于 200 atm 的空气压缩机的产生使"高压喷射注浆法"随之产生。

近 20 年来,我国的地基处理技术的发展主要体现在三个方面:

(1) 地基处理技术得到普及和提高。

(2) 地基处理队伍不断壮大。

(3) 地基处理理论不断发展。

目前地基处理已成为土力学与岩土工程领域的一个主要分支学科,国际土力学与岩土工程协会下设专门的地基处理学术委员会。中国土力学与岩土工程学会于 1984 年成立了地基处理学术委员会,1986—2014 年已召开了 13 届全国地基处理学术讨论会。1988 年编著出版了《地基处理手册》,其后,又于 2000 年和 2008 年修订出版了该手册的第二、第三版。1990 年《地基处理》杂志创刊,提供了推广和交流地基处理新技术的园地。1991 年建设部发布了《建筑地基处理技术规范》(JGJ 79—1991),2012 年又修订出版了《建筑地基处理技术规范》(JGJ 79—2012)。1997 年交通运输部发布了《公路软土地基路堤设计与施工技术规范》(JTJ 017—1996),2013 年又发布了《公路软土地基路堤设计与施工技术细则》(JTG/T D31-02—2013),对公路工程中软土地基处理设计与施工起到了重要指导作用。

总之,地基处理已成为土木工程建设中的热点之一,已得到勘察、设计、施工、监理、教学、科研和管理部门的重视。地基处理技术的进步已产生了巨大的经济效益和社会效益,我国的地基处理技术总体上已处于国际先进水平。

地基处理领域是土木工程中最为活跃的领域之一,非常具有挑战性。复杂的地基以及现代土木工程对地基日益严格的要求,给广大的土木工程师,特别是岩土工程师提出了一个又一个新课题,这将极大地促进地基处理技术的发展。

第2章

换填垫层

2.1 概 述

当建筑物的地基土为软弱土或湿陷性土、膨胀土、冻土等不能满足上部结构对地基强度和变形的要求,而软土层的厚度又不很大(如不大于 3 m)时,常采用换填垫层法处理,与其他地基处理方法相比,此法能取得良好的经济效益。

换填垫层法又称开挖置换法、换土垫层法,简称换填法、换土法、垫层法等。该法是将基础下的软弱土、湿陷性土、膨胀土、冻土等的一部分或全部挖去,然后换填密度大、强度高、水稳性好的砂土、碎石土、灰土素土、矿渣以及其他性能稳定、无侵蚀性的材料,并分层振(压)实至要求的密度。其加固机理是根据土中附加应力分布规律,让垫层承受上部较大的应力,软弱层承担较小的应力,以满足设计对地基的要求。

根据换填的材料不同,垫层可分为砂石(砂砾、碎卵石)垫层、土(素土、灰土、二灰土)垫层、粉煤灰垫层、矿渣垫层、加筋砂石垫层等。

换填垫层法适用于淤泥、淤泥质土、湿陷性黄土、素填土、杂填土地基及暗沟、暗塘等浅层软弱地基及不均匀地基的处理。在用于消除黄土湿陷性时,还应符合国家现行标准《湿陷性黄土地区建筑规范》(GB 50025—2004)中的有关规定。在采用大面积填土作为建筑地基时,应符合国家标准《建筑地基基础设计规范》(GB 50007—2011)的有关规定。换填时应根据建筑体型、结构特点、荷载性质和地质条件,并结合施工机械设备与当地材料来源等综合分析,进行换填垫层的设计,选择换填材料和夯压施工方法。

换土垫层与原土相比,具有承载力高、刚度大、变形小的优点。砂石垫层还可以提高地基排水固结速度,防止季节性冻土的冻胀,消除膨胀土地基的胀缩性及湿陷性土层的湿陷性,还可用于暗浜和暗沟的建筑场地。另外,灰土垫层还具有促使其下土层含水量的均衡转移的功能,从而减小土层的差异。在不同的工程中,垫层所起的作用也不同。一般房屋建筑基础下的砂垫层主要起换土作用,而在路堤或土坝等工程中,砂垫层主要是起排水固结作用。换土垫层视工程具体情况而异,软弱土层较薄时,常采用全部换填;若土层较厚时,可采用部分换填,并允许有一定程度的沉降及变形。

垫层的设计与施工应根据上部建筑物的结构特点、荷载特性、基础形式及埋深、场地土质、地下水条件和当地施工队伍的技术装备、施工经验、材料来源以及工程造价等技术、经济分析论证后确定。

工程实践表明,在合适的条件下,采用换填垫层法能有效地解决中小型工程的地基处理问题。本法的优点是:可就地取材,施工方便,不需特殊的机械设备,既能缩短工期,又能降低造价。因此,换填垫层法得到较为普遍的应用。

2.2　压实机理

土的压实机理就是当黏性土的土样含水量较小时,粒间引力较大,在一定的外部压实功能作用下,如不能有效地克服引力而使土粒相对移动,这时压实效果就比较差;当增大土样含水量时,结合水膜逐渐增厚,减小引力,土粒在相同压实功能条件下易于移动而挤密,所以压实效果较好;但当土样含水量增大到一定程度后,孔隙中就出现了自由水,结合水膜的扩大作用不再显著,因而引力的减小也不显著,此时自由水填充在孔隙中,从而阻止了土粒移动的作用,所以压实效果又趋下降。

在工程实践中,对垫层碾压质量的检验,要求能获得填土的最大干密度 $\rho_{d\,max}$。其最大干密度可用室内击实试验确定。在标准的击实方法条件下,对于不同含水量的土样,可得到不同的干密度(ρ_d),从而绘制干密度(ρ_d)和制备含水量(ω)的关系曲线,如图 2-1 所示,在曲线上 ρ_d 的峰值即为最大干密度($\rho_{d\,max}$),与之相应的制备含水量为最优含水量(ω_{op})。从图中可看出,理论曲线高于试验曲线。其原因是理论曲线是在假定土中空气被全部排出而孔隙完全被水所占据的条件下导出的,但事实上空气不可能被完全排出,因此实际的干密度就比理论值小。

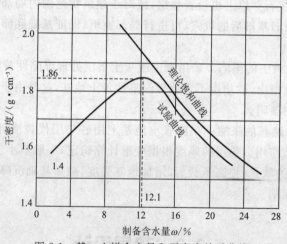

图 2-1　某一土样含水量和干密度关系曲线

相同的压实功能对不同土料的压实效果并不完全相同,黏粒含量较多的土,土粒间的引力就较大,只有在比较大的含水量时,才能达到最大干密度的压实状态。

对于同一种土,用不同的功能击实,得到的击实曲线如图 2-2 所示。曲线表明,在不同的击实功能下,曲线的形状不变,但最大干密度的位置却随着击实功能的增大而增大向左上方移动。这就是说,当击实功能增大时,最优含水量减小,相应最大干密度增大。所以在工程实践中,若土的含水量较小,应选用击实功能较大的机具,才能把土压实至最大干密度;在碾压过程中,如未能将土压实至最密实的程度,则须增大击实功能(选用功能较大的机具或增加碾压遍数);若土的含水量较大,则应选用击实功能较小的机具,否则会出现"橡皮土"现象。因此,若要把土压实到工程要求的干密度,必须合理控制压实时的含水量,选用适合的压实功能,才能获得预期的效果。

垫层的作用主要有:

(1)置换作用。将基底以下软弱土全部或部分挖出,换填为较密实材料,可提高地基承载力,增强地基稳定。

(2)应力扩散作用。基础底面下一定厚度垫层的应力扩散作用,可减小垫层下天然土层所受的压力和附加压力,从而减小基础沉降量,并使下卧层满足承载力的要求。

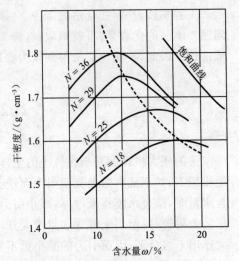

图 2-2 压实功能对击实曲线的影响
(N 为每层土的击实系数)

(3)加速固结作用。用透水性大的材料作垫层时,软土中的水分可部分通过它排出,在建筑物施工过程中,可加速软土的固结,减小建筑物建成后的工后沉降。

(4)防止冻胀。由于垫层材料是不冻胀材料,采用换土垫层对基础地面以下可冻胀土层全部或部分置换后,可防止土的冻胀作用。

(5)均匀地基反力与沉降作用。对石芽出露的山区地基,将石芽间软弱土层挖出,换填压缩性低的土料,并在石芽以上也设置垫层;或对于建筑物范围内局部存在松填土、暗沟、暗塘、古井、古墓或拆除旧基础后的坑穴,可进行局部换填,保证基础底面范围内土层压缩性和反力趋于均匀。

(6)消除湿陷性黄土的湿陷。采用素土或灰土垫层处理湿陷性黄土,可消除1~3 m厚黄土的湿陷。但必须指出,砂垫层不宜处理湿陷性黄土地基,这是由于砂垫层较大的透水性反而容易引起黄土的湿陷。

(7)消除膨胀土地基的胀缩。在膨胀土地基上用砂垫层代替或部分代替膨胀土,可以有效地消除土的胀缩作用。垫层的厚度根据变形计算确定,一般不小于 30 mm。

因此,换填的目的就是:提高承载力,增加地基强度,减少基础沉降。垫层采用透水材料可加速地基的排水固结。

2.3 垫层设计

各种不同材料的垫层,虽然其应力分布有所差异,但从试验结果分析,极限承载力是比较接近的;通过沉降观测资料,发现不同材料垫层上的建筑物沉降的特点也基本相似,所以各种材料的垫层都可近似按砂垫层的计算方法进行计算。

砂垫层的设计不但要满足建筑物对地基强度、稳定性及变形方面的要求,而且要符合技术经济的合理性。其设计的主要内容是确定垫层断面的合理厚度和宽度。对于垫层,既要求有足够的厚度来置换可能被剪切破坏的软弱土层，又要求有足够的宽度以防止垫层向两侧挤出。

2.3.1 砂(或砂石、碎石)垫层设计

1) 垫层厚度的确定

如图 2-3 所示，砂垫层的厚度 z 应根据需要置换的软弱土层的深度或砂垫层底部软弱下卧层的承载力来确定，并符合下式要求：

$$p_z + p_{cz} \leqslant f_{az} \tag{2-1}$$

式中　p_z——相应于荷载效应标准组合时，垫层底面处的附加压力值，kPa；

　　　p_{cz}——垫层底面处土的自重压力值，kPa；

　　　f_{az}——垫层底面处经深度修正后的地基承载力特征值，kPa。

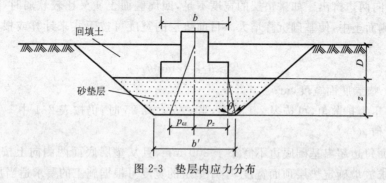

图 2-3　垫层内应力分布

垫层厚度不宜小于 0.5 m，也不宜大于 3 m。垫层底面处的附加压力值可按压力扩散角 θ 分别按以下两式进行简化计算：

条形基础

$$p_z = \frac{b(p_k - p_c)}{b + 2z\tan\theta} \tag{2-2}$$

矩形基础

$$p_z = \frac{bl(p_k - p_c)}{(b + 2z\tan\theta)(l + 2z\tan\theta)} \tag{2-3}$$

式中　b——矩形基础或条形基础底面的宽度，m；

　　　l——矩形基础底面的长度，m；

　　　p_k——相应于荷载效应标准组合时，基础底面处的平均压力值，kPa；

　　　p_c——基础底面处土的自重压力值，kPa；

　　　z——基础底面下垫层的厚度，m；

　　　θ——垫层的压力扩散角，宜通过试验确定。当无试验资料时，可按表 2-1 采用。

设计时，先根据砂垫层的承载力特征值确定基础宽度 b，再根据垫层底面软弱土层的承载力定出砂垫层的厚度 z，计算时先假定一个砂垫层厚度 z，然后利用式(2-1)校核。如果不满足要求，则需要加大厚度，重新校核，直到满足为止。一般砂垫层的厚度为 1～2 m，过薄的砂垫层(<0.5 m)和太厚的砂垫层(>3 m)，施工较困难，经济上不合理。

表 2-1　压力扩散角 θ

换填材料 z/b	中砂、粗砂、砾砂、圆砾、角砾、 石屑、卵石、碎石、矿渣	粉质黏土、粉煤灰	灰　土
0.25	20°	6°	28°
≥0.50	30°	23°	28°

注：① 当 $z/b < 0.25$ 时，除灰土取 $\theta < 28°$ 外，其余材料均取 $\theta = 0$，必要时，宜由试验确定。

② 当 $0.25 < z/b < 0.5$ 时，θ 值可由内插法求得。

③ 土工合成材料加筋垫层其压力扩散角宜由现场静载荷试验确定。

2）砂垫层宽度的确定

砂垫层的宽度，除要满足应力扩散的要求外，还要根据垫层侧面土的承载力特征值来确定，防止垫层向两边挤出。如果垫层的宽度不足，四周侧面土质又比较软弱时，垫层就有可能部分挤入侧面土中，使基础沉降增大。目前垫层的宽度可按下式来计算或根据当地经验确定：

$$b' \geqslant b + 2z\tan\theta \tag{2-4}$$

式中　b'——垫层底面宽度，m；

　　　θ——压力扩散角，可按表 2-1 采用，当 $z/b < 0.25$ 时，仍按表 2-1 中 $z/b = 0.25$ 取值，(°)。

垫层顶面每边超出基础底边不宜小于 300 mm，且从垫层底面两侧向上按当地开挖基坑经验的要求放坡确定垫层顶面宽度，整片垫层的宽度可根据施工的要求适当加宽。

3）垫层承载力的确定

经换填处理后的地基，由于理论计算方法尚不够完善，垫层的承载力宜通过现场载荷试验确定。当无试验资料时，可按表 2-2 选用，并应验算下卧层的承载力。

表 2-2　各种垫层的承载力

施工方法	换填材料类别	压实系数 λ_c	承载力特征值 f_{ak}/kPa
碾压、振密、 重锤夯实	碎石、卵石	≥0.97	200～300
	砂夹石（其中碎石、卵石占全重的 30%～50%）		200～500
	土夹石（其中碎石、卵石占全重的 30%～50%）		150～200
	中砂、粗砂、砾砂、角砾、圆砾		150～200
	粉质黏土		130～180
	灰　土	≥0.95	200～250
	粉煤灰	≥0.95	120～150

施工方法	换填材料类别	压实系数 λ_c	承载力特征值 f_{ak}/kPa
碾压、振密、重锤夯实	石 屑	—	120～150
	矿 渣	—	200～300

注：① 压实系数小的垫层，承载力特征值取低值，反之取高值。

　　② 重锤夯实土的承载力特征值取低值，灰土取高值。

　　③ 压实系数 λ_c 为土的控制干密度 ρ_d 与最大干密度 $\rho_{d\,max}$ 的比值；土的最大干密度采用击实试验确定，碎石或卵石的最大干密度可取 $2.1～2.2\ t/m^3$。

　　④ 表中压实系数 λ_c 系使用轻型击实试验测定土的最大干密度 $\rho_{d\,max}$ 时给出的压实控制标准，采用重型击实试验时，对粉质黏土、灰土、粉煤灰及其他材料压实标准应为压实系数 $\lambda_c \geqslant 0.94$。

4）沉降计算

垫层的断面确定以后，对于比较重要的建筑物或垫层下存在软弱下卧层的建筑，还要求验算基础的沉降量，以便使建筑物基础的最终沉降量小于建筑物的容许沉降量。对于超出原地面标高的垫层或换填材料的密度高于天然土层密度的垫层时，宜尽早换填并考虑其附加的荷载对建筑物以及邻近建筑物的影响。

建筑物基础沉降量等于垫层自身的变形量和软弱下卧层的变形量的总和 S，且

$$S = S_c + S_p \tag{2-5}$$

式中　S_c——垫层自身的变形量，mm；

　　　S_p——压缩层厚度范围内（自下卧层顶面，即垫层底面算起）各土层压缩变形量，mm。

采用垫层法加固地基可采用分层总和法计算沉降量。

2.3.2　灰土(或素土)垫层设计

1）灰土垫层设计

灰土垫层是将基础底面下一定深度范围内的软弱土挖去，用一定体积比配合的灰土在最优含水量情况下分层夯实或压实。适用于处理 1～4 m 厚的软弱土层。

（1）承载力特征值的确定。经过人工压实（或夯实）的 3：7 灰土垫层，当压实系数 λ_c 控制在 0.97 及干土重度不小于 14.5～15.0 kN/m³ 时，其承载力特征值最大可达 300 kPa；对于 2：8 的灰土垫层，当压实系数 λ_c 控制在 0.95～0.97 及干土重度不小于 14.8～15.5 kN/m³ 时，其承载力特征值最大可达 300 kPa。

（2）垫层厚度的确定。计算方法同砂垫层。

（3）垫层宽度的确定。灰土垫层的宽度一般为灰土顶面基础砌体宽度与 2.5 倍灰土厚度之和。

2）素土垫层设计

（1）垫层厚度确定。素土垫层厚度的计算方法同砂垫层。

（2）垫层宽度的确定。

① 当垫层厚度小于 2 m 时,基础外沿至垫层边沿不小于厚度的 1/3,且不小于 300 mm;当垫层厚度大于 2 m 时,可适当加宽,且不小于 700 mm。

② 整片素土垫层超出基础外缘的宽度不得小于 1.5 m。当垫层厚度大于 2 m 时,宜适当加宽。

2.3.3 粉煤灰垫层设计

前已述及各种材料的垫层都可近似地按砂垫层的计算方法进行计算,故对粉煤灰垫层的地基承载力计算、下卧层强度的验算和地基沉降的计算方法与砂(砂石、碎石)垫层基本相同,粉煤灰垫层的压力扩散角 $\theta = 22°$。

粉煤灰的最大干密度 $\rho_{d\,max}$ 和最优含水量 ω_{op},在设计和施工前应按《土工试验方法标准》(GB/T 50123—1999)做击实试验测定。

粉煤灰的内摩擦角 φ、内聚力 c、压缩模量 E_s 及渗透系数 k 随粉煤灰的材质和压实密度而变化,应通过室内土工试验确定。当无试验资料时,可参照上海地区提出的数值:$\lambda = 0.90 \sim 0.95$ 时,$\varphi = 23° \sim 30°$,$c = 5 \sim 30$ kPa,$E_s = 8 \sim 20$ MPa,$k = 9 \times 10^{-5} \sim 2 \times 10^{-4}$ cm/s。

粉煤灰压实垫层具有遇水后强度降低的特点,上海地区提出的经验数值是:压实系数 $\lambda_c = 0.90 \sim 0.95$ 的浸水垫层,其承载力特征值可采用 $120 \sim 200$ kPa,但仍应满足软弱下卧层的强度与变形要求。当 $\lambda_c > 0.90$ 时,可抗 7 度地震液化。

2.3.4 碎石和矿渣垫层

采用碎石或矿渣作垫层来处理软弱地基是目前国内常用的一种地基加固方法。实践证明,碎石和矿渣有足够的强度,变形模量大,稳定性好;而且垫层本身还可起排水层的作用,并加速下部软弱土层的固结。

1) 矿渣材料的特性

(1) 稳定性。

在设计、施工前必须对选用的矿渣进行试验,在确定其性能稳定并符合安全规定后方可使用。衡量矿渣稳定性的方法主要是观察干渣在生产、施工和使用时是否会产生硅酸盐分解,石灰分解和氧化铁、氧化锰分解。重矿渣的主要成分为 CaO,SiO_2,Al_2O_3,MgO 和 Fe_2O_3 等,其含量大致接近,国内各钢厂中宝钢的成分相对稳定,尤其是 CaO 含量少于 45%,大大减少了裂胀分解的可能性。

(2) 松散密度。

根据《混凝土用高炉重矿渣碎石技术条件》(YBJ 205—2008)的规定,重矿渣的强度可用松散密度指标表示,对分级矿渣松散密度要求不小于 1.1 t/m³。经测定分析,松散密度与粒径有关,粒径小则轻,粒径大则重。但粒径较小的矿渣砂(粒径在 0~8 mm 之间),其密度可达 1.4 t/m³。

(3) 变形模量。

一般工程中,不论是分级矿渣还是混合矿渣,压实后的变形模量都大于或等于砂、碎石等垫层材料的变形模量。当符合一定的压实标准时,压实后的矿渣垫层(分级或混合)的变形模量 E_0 可达 35 MPa 以上。

（4）力学特性。

当垫层压实符合标准时，荷载与变形关系具有直线变形体的一系列特点。如果压实不佳，强度不足，会引起显著的非线性变形。所以，设计人员应首先了解矿渣的组成成分、级配、软弱颗粒含量和松散密度；其次是根据场地条件和施工现场条件，确定合理的施工方法和选择各种计算参数。

综上所述，用于垫层的矿渣技术条件要符合下列规定：稳定性合格，松散密度不小于 1.1 t/m^3，泥土与有机质含量不大于 5%。但对于一般的场地平整，矿渣质量可不受上述指标的限制。

2）垫层厚度和宽度的确定

矿渣垫层的厚度和宽度可按砂垫层的计算方法确定，其承载力 f 和变形模量 E_0 宜通过现场试验确定。

3）碎石矿渣和矿渣垫层的构造要求

在碎石和矿渣垫层的底部，为了防止基坑表层软弱土发生局部破坏而使建筑物基础产生附加沉降，一般应设置一层 15～30 mm 厚的砂垫层，砂料应采用中、粗砂，然后再铺筑碎石或矿渣垫层。当软弱土层厚度不同时，垫层应做成阶梯形，但两层垫层的高差不得小于 1 m。

2.4　垫层施工

换土垫层法施工包括开挖换土和铺填垫层两部分。开挖换土应注意避免坑底土层扰动，应采用干挖土法。铺填垫层应根据不同的换填材料选用不同的施工机械。换土垫层法按压实方法不同可分为三类，下面分别做介绍。

2.4.1　换土垫层压实方法

1）机械碾压法

机械碾压法是采用各种压实机械，如压路机、羊足碾、推土机或其他压实机械来压实地基土的一种压实方法，这种方法常用于大面积填土的压实、杂填土地基处理、道路工程及基坑面积较大的换土垫层的分层压实。

换土垫层的施工参数应根据垫层材料、施工机械设备及设计要求等，通过现场试验确定，以获得最佳压（夯、振）实效果。在不具备试验条件的场合，也可按表 2-3 取值。

表 2-3　垫层的每层铺填厚度及压实遍数

碾压设备	每层铺填厚度/mm	每层压实遍数	土质环境
平碾（8～12 t）	200～300	6～8	软弱土层、素填土
羊足碾（5～6 t）	200～350	8～16	软弱土
蛙式夯（200 kg）	200～250	3～4	狭窄场地

碾压设备	每层铺填厚度/mm	每层压实遍数	土质环境
振动碾(8~15 t)	500~1 200	6~8	砂土、湿陷性黄土碎石土等
振动压实机	1 200~1 500	10	
插入式振动器	200~500	—	—
干板振动器	150~250	—	—

施工时先按设计挖掉要处理的软弱土层,把基础底部土碾压密实后,再分层填土,逐层压密填土。压实效果取决于被压实土料的含水量和压实机械的能量;实际工程中可按表 2-3 选择合适的分层碾压厚度和次数。为保证有效压实质量,碾压速度要有所控制,平碾控制在 2.0 km/h,羊足碾控制在 3.0 km/h,振动碾控制在 2.0 km/h,振动压实机控制在 0.5 km/h。

2) 重锤夯实法

重锤夯实法是利用起重设备将夯锤提升到一定高度,然后自由落锤,利用重锤自由下落时的冲击能来夯实浅层土层,重复夯打,使浅部地基土或分层填土夯实。

重锤夯实法一般适用于地下水位距地表 0.8 m 以上非饱和的黏土、砂土、杂填土和分层填土,用以提高其强度,减少其压缩性和不均匀性,也可用于消除或减少湿陷性黄土的表层湿陷性,但在有效夯实深度内存在软弱土时,或当夯击振动对邻近建筑物或设备有影响时,不得采用。

重锤夯实法的主要设备为起重机械、夯锤、钢丝绳和吊钩等。

夯锤的形状宜采用圆台型,可用 C20 以上的钢筋混凝土制作,其底部可填充废铁并设置钢底板以降低重心。重锤不宜小于 15 kN,锤底面静压力应控制在 15~20 kPa。锤的形状如图 2-4 所示。

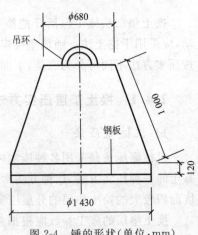

图 2-4　锤的形状(单位:mm)

起吊设备应采用带有摩擦式卷筒的起重机或其他起重设备。如直接用钢丝绳悬吊夯锤时,吊车的起吊能力一般要大于锤重的 3 倍,采用脱钩夯锤时,起吊能力应大于锤重的 1.5 倍。落距一般控制在 2.5~4.5 m 之间。

随着夯击遍数的增加,每遍土的夯沉量逐渐减少,但是当土被夯实到某一密度时,再增加夯击能量或夯击次数,土的密度不再增加,有时甚至会降低。因此,应进行现场试验,确定符合夯击密实度要求的最少夯击次数、最后下沉量(最后两击的平均下沉量)、总的下沉量及有效夯实深度等。对于黏性土及湿陷性黄土,最后下沉量不应大于 10~20 mm,砂性土不应超过 5~10 mm,以此作为控制停夯的标准。

施工夯击遍数的确定：一般试夯约 6～10 遍,施工时可适当增加 1～2 遍。

施工时要注意的事项：

（1）采用重锤夯实分层填土地基时,每层的虚铺厚度应通过试验确定,试夯面积不应小于 10 m×10m,每层的虚铺厚度,一般相当于锤底的直径,试夯层数不应少于 2 层。

（2）基坑（槽）的夯实范围应大于基础底面,每边应超出基础边缘 0.5 m,便于夯实工作的进行。坑（槽）边坡应适当放缓。夯实前,坑（槽）底面应高出设计标高,预留土层的厚度可为试夯时的总下沉量加 5～10 cm。

（3）夯前应检查基坑（槽）中土的含水量,按照试夯结果决定是否加水。如需加水,应待水全部渗入土中一昼夜后方可夯击。若土的表面含水量过大,夯击成软塑状态时,可采用铺撒吸水材料（如生石灰、干土等）换土或其他有效措施处理。分层填土时,其填料的含水量应控制在最优含水量。

（4）在基坑（槽）的周边应做好排水措施,防止向坑（槽）内灌水。有地下水时应采取降水措施,冬季施工应采取防冻措施,保证地基在不冻的状态下进行夯击。

（5）在条形基槽或大面积基坑内夯实时,第一遍宜按一夯挨一夯顺序进行,第二遍宜在第一遍的孔隙点夯击,如此反复进行,最后两遍应一夯搭半夯。在独立柱基基坑内夯击时,应采取先周边后中间先外后里的顺序夯击。当基坑底面标高不一致时,应按先深后浅的顺序逐层夯击。

（6）注意边坡稳定性和夯击对邻近建筑物的影响,必要时采取有效措施。

3）振动压实法

振动压实法利用振动压实机（见图 2-5）压实土层。此法适用于处理无黏性土或黏粒含量少、透水性较好的松散杂填土以及矿渣、碎石、砾石、砾砂、砂砾石等地基。

振动压实的效果与换填土的成分、振动时间等因素有关。一般振动时间越长,效果越好。但是当振动时间超过某一值时,振动引起的下沉基本稳定,再继续振动就不能起到进一步的压实作用。为此,一般要在施工之前进行试振,以确定稳定下沉量和时间的关系。对于主要由炉渣、碎砖、瓦块组成的建筑垃圾,振动时间约为 1 min 以上,对于

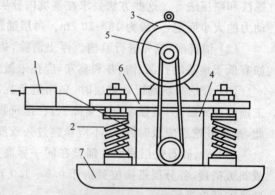

图 2-5 振动压实机示意图

1—操纵机械；2—弹簧减震器；3—电动机；4—振动器；
5—振动机槽轮；6—减振架；7—振动板

炉灰和细粒填土,振实时间约为 3～5 min,有效振实深度约为 1.2～1.5 m。

振动压实范围应在基础边缘每边扩出 0.6 m 左右,先振基槽两边,然后振中间。振动压实的标准以振动机原地振实不再继续下沉为合格,并辅以轻便触探试验检验其均匀性和影响深度。振实后的地基承载力标准应通过现场荷载试验。一般杂填土经振实后,地基承载力可达到 100～120 kPa。如地下水位太高,则影响振实效果。另外,还应考虑振动对周围建筑物的影响,振源与建筑物的距离应大于 3 m。

总的来说,素填土宜用平碾和羊足碾,砂石等宜用振动碾、振动压实机和水撼法,当有效

夯实深度内土的饱和度小于或接近 0.6 时,可采用重锤夯实。垫层的虚铺厚度随着垫层材料、施工机具及方法的不同而不同。施工中应根据工程实际进行相关的现场试验来确定,如无试验数据,可根据表 2-4 确定。

表 2-4　垫层虚铺厚度　　　　　　　　　　(单位:cm)

材料 施工方法	砂 石	素 土	灰 土	粉煤灰	干 渣
平振法	20~25	—	—	—	20~25
碾压法	25~35	20~25	20~30	20~30	25~30
夯实法	15~20	15~25	20~25	—	—
锤击法		重锤 10~25 中锤 5~7.5	重锤 10~25 中锤 5~7.5	—	—
插振法	同插入器的深度	—	—	—	—

2.4.2　各种垫层的施工

1) 砂和砂石垫层

(1) 砂垫层施工中的关键是将砂加密到设计的密度。加密的方法常用的有振动法、水撼法和碾压法等。这些方法要求在基坑内分层铺砂,然后逐层振密或压实,分层的厚度视振动力的大小而定,一般为 15~20 cm。每层铺筑厚度不超过表 2-4 所规定的数值。

(2) 铺筑前,应先进行验槽。浮土清除,边坡必须稳定,防止塌土。基坑(槽)两侧附近如有低于地基的孔洞、沟、井和墓穴,应在未做垫层前加以填实。

(3) 开挖基坑铺设砂垫层时,必须避免扰动软弱土层的表面;否则,坑底土的结构在施工前就遭到破坏,其强度会显著降低,在建筑物荷载作用下,将会产生很大的附加沉降。因此,基坑开挖后应及时回填,不应暴露过久或浸水,并防止践踏坑底。

(4) 砂、砂石垫层底面宜铺设在同一标高上,如果深度不同,基坑地基土面应挖成踏步或斜坡搭接,各分层搭接位置错开 0.5~1.0 m 的距离,搭接处应注意捣实,施工应按先深后浅的顺序进行。

(5) 人工级配的砂石垫层,应将砂石拌和均匀后,再进行铺填捣实。

(6) 捣实砂石垫层时,应注意不要破坏基坑底面和侧面土的强度。因此,对基坑下灵敏度大的地基,在垫层最下一层宜先铺设一层 15~20 cm 的松砂,只用木夯夯实,不得使用振捣器,以免破坏基底土的结构。

(7) 采用细砂作为垫层的填料时,应注意地下水的影响,且不宜使用平振法、振捣法和水撼法。

(8) 水撼法施工时,在基槽两侧设置样桩,控制铺砂厚度,每层虚铺 25 cm。铺好后,灌水与砂面齐平,然后用钢叉插入砂中振摇十几次,如果砂已沉实,便将钢叉拔出,在相距 10 cm 处重新插入摇撼,直至这一层全部结束,经检查合格后铺第二层(不合格时需要再摇撼)。每铺一次、灌水一次进行摇撼,直至设计标高为止。

2）灰土和素土垫层

灰土是一种传统的地基处理材料,是由熟石灰和黏性土按一定配合比拌合而成的,它具有较大的强度,用它作垫层地基的建筑物可高达六七层。

施工时需要注意的几点为:

(1)基槽(坑)开挖后应验槽。如发现局部软弱土层或孔穴、旧基础等软硬不均的部位时,应将其挖出后用素土或灰土分层填实,经检验合格后,方可铺筑垫层或通知设计单位确定处理方案。

(2)土层施工含水量应控制在最优含水量 $(0.98\sim1.02)\omega_{op}$ 范围内。最优含水量可通过击实试验确定,亦可按经验在现场直接判断。对灰土垫层,当手握能成团,两指轻捏即碎时即接近最优含水量。

(3)灰土应拌合均匀,颜色一致,拌好后及时铺填夯实,不得隔日夯打。

(4)灰土的虚铺厚度,可根据不同的施工方法按表 2-4 确定。每层夯打遍数,根据设计要求的干土重度通过现场试验确定。

(5)分段施工垫层时,不得在柱基、墙角以及承重窗间墙下接缝。上、下两层土的接缝距离不得小于 0.5 m。接缝处的土层应注意夯实。

(6)在雨天或地下水位以下的基坑(槽)内施工时,应采取防雨和排水措施。夯实后的土层 3 d 内不得受水浸泡。如在此时间内土层受到雨淋或浸泡,应将积水和松软的土层除去,并补填夯实。因此,土垫层施工完毕,应及时修建基础和回填基坑(槽)。

3）粉煤灰垫层的施工

粉煤灰垫层可采用分层压实法,压实可用压路机、平板振动器和蛙式打夯机。机具选用应按工程性质、设计要求和工程地质条件等确定。

(1)粉煤灰应预先进行击实试验,确定其 $\gamma_{d\,max}$ 和 ω_{op},由此确定的施工碾压(或夯实)时所采用的含水量应在 $(0.96\sim1.04)\omega_{op}$ 范围内,以此作为粉煤灰垫层的分层碾压(或夯实)质量控制指标和施工结束后质量验收的控制指标。

(2)粉煤灰垫层的最大干密度和最优含水量因粉煤灰形态结构、地域煤质差异以及压实能量而不同,其指标应因地制宜地制定。分层摊铺煤灰时,分层厚度、压实遍数等施工参数应根据施工机具种类、功能大小、设计要求通过试验确定。

(3)粉煤灰垫层在地下水位施工时应采取排、降水措施,切勿在饱和状态或浸水状态下施工,更不要采取水沉法施工。

(4)在软土地基上填筑粉煤灰垫层时,应先铺约 20 cm 厚的中、粗砂或高炉干渣,以免下卧软土层表受到扰动,同时有利于下卧的软土层的排水固结,并可切断毛细水上升。

(5)其他施工要点可参照砂石垫层的相关内容。

4）干渣垫层施工

矿渣强度高,变形模量大,稳定性好,且垫层具有良好的排水功能,可加速下部软弱土层的排水固结。大面积填铺时,多用高炉混合矿渣(经破碎但不经筛分的不分级矿渣),粒径最大不超过 200 mm。小面积垫层用粒径 20~60 mm 的分级矿渣,最大粒径不超过碾压分层虚铺的 2/3。

干渣垫层施工要点:

（1）在矿渣垫层的底部，为防止基坑表层软土发生局部破坏使建筑物基础产生沉降，一般应设置一层 150～300 mm 厚砂垫层，砂料应采用中、粗砂，然后再铺筑矿渣。

（2）垫层底面应设计成统一标高，如深度不同，基坑底面应挖成阶梯形或斜坡形，但是两垫层的高差不得小于 1.0 m，同时阶梯需符合 $b > 2h$ 的要求。

（3）矿渣垫层施工应采用分层夯实法。大面积施工宜用 8～12 t 压路机或推土机碾压，对于小面积施工宜采用平板振动器振动密实。分层虚铺厚度、振捣遍数应通过现场试验确定，一般振压分层虚铺厚度为 250～300 mm，平板法虚铺厚度为 200～250 mm。平振遍数一般为 3～4 遍，做到交叉、错开、重叠。当无试验资料时，可参考表 2-5。

矿渣垫层也可用拖拉机牵引重 50 kN 的平碾分层碾压，每层虚铺厚度为 300 mm。用人工或推土机推平后，往复碾压 4 遍以上，每层碾压均与前次碾压轨迹宽度重合一半。碾压时应浇水湿润以利于密实。

表 2-5 矿渣垫层施工方法参考表

压实机械	铺设厚度/mm	碾压遍数	单位面积振动时间
平振法	200～250	—	> 60 s
用推土机推平后，5 t 压路机	250～300	8～10	—
用推土机推平后，8～12 t 压路机	300	6～8	—

注：当采用平板振动器施工时，其质量大于 65 t，电机功率为 1.7 kW，频率为 2 880 次/min。

2.4.3 垫层施工中常见的质量问题及处理措施

在垫层施工过程中，常常会出现一些质量问题，这就需要在施工中随时发现，随时纠正，避免质量问题存在于垫层中。常见的质量问题如下：

（1）机械开挖基坑时，出现超挖现象，使垫层的下卧层土发生扰动，降低了基底软土的强度。预防的办法是：机械开挖基坑时，预留 30～50 cm 的土层由人工清理。严格履行验槽手续。处理的办法是：实际中出现了超挖的现象或基坑底的土受到扰动，如标高允许的话，适当调整垫层的标高，由人工清理掉基坑底的扰动软土，再进行垫层施工。

（2）进场材料不满足质量要求。常见的材质方面的问题有：进场的砂石材料级配不合理，含泥量过大；石灰、粉煤灰不符合质量等级要求，含水量过大或过小，有机质含量过高，石灰的存放时间过长等；灰土拌合不均匀；土料含水量过大或过小，土料没过筛就使用，土料含有机质、杂质过多。要针对不同材料质量不合格的原因，采取相应的措施。总体来说就是要严把材料进料关，定期对填料进行抽样检查，甚至对每批进场材料均要抽样检查，严禁不合格的填料用于垫层工程中。

（3）分层铺筑密实度不均匀或密度值太小。这主要是由于施工时，分层厚度太大，导致分层铺筑密实度达不到设计要求，或者由于填土的含水量远大于或小于其最优含水量以及压实遍数不够导致垫层密实度达不到设计要求。另外，密实度不均匀也是由施工方法不当引起的。预防和处理的办法为：改进施工方法，采用适当的分层厚度、压实遍数，严格控制施工时填料的含水量使其接近最优水量。对砂石垫层、干渣垫层，一般要保持洒水饱和时进行施工。对素土、灰土垫层和粉煤灰的含水量要在其$(0.98\sim1.02)\omega_{op}$范围内施工时才能达到设计密实度。另外在垫层搭接部位要严格控制,适当增加质量抽检数量和次数,避免发生密实度不均匀现象。在基坑底已存在的古穴、古井、空洞等未及时发现,在垫层施工时也会导致垫层施工后密实不均匀,所以在验槽时,要对这些问题进行详细勘查、排除。

2.5　工程实例

2.5.1　工程概况

上海某三层混合结构,建在冲填土的暗浜范围内。冲填土地基采用砂垫层换土处理,建成 30 多年来,使用情况良好。该馆上部建筑和基础概况分别如图 2-6 及图 2-7 所示。

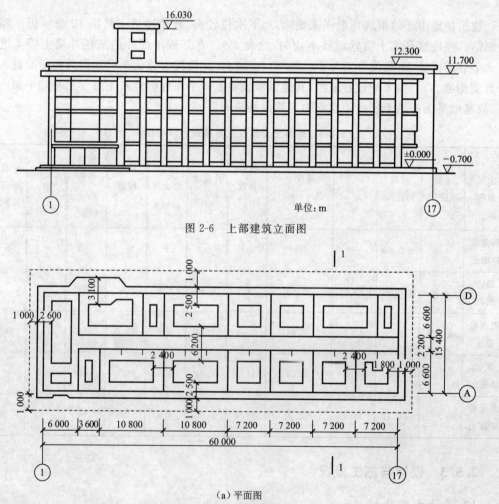

图 2-6　上部建筑立面图

（a）平面图

图 2-7　平面图与剖面图

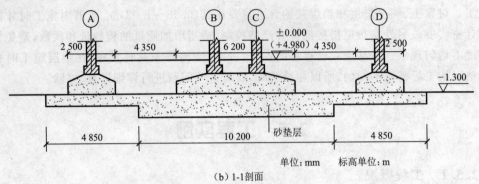

单位：mm　标高单位：m

（b）1-1剖面

图 2-7　平面图与剖面图（续）

2.5.2　工程地质概况

建筑场地由于暗浜底部淤泥未挖除，地下水位较高，致使冲填土龄期 40 余年仍不能充分固结。经勘察证实土质软弱且不均匀，见表 2-6。在基础平面外的灰色冲填土层上进行了 2 个载荷试验，荷载值分别为 50 kPa 和 70 kPa。此值代表液化土层加固后的标准贯入锤击数实测值 $N_{63.5} > 3$ 的较好地段，其他试验表明基础平面外的地基土层要比基础平面内的好，故基础平面冲填土层内不宜作为天然地基持力层。

表 2-6　地基土分层及主要物理力学指标

土层名称	土层厚度/m	底层标高/m	$\omega/\%$	重度 γ /(kN·m^{-3})	塑性指数 I_p	孔隙比 e	土的黏聚力 c/kPa	内摩擦角 φ/(°)	压缩系数 a_{1-2} /kPa^{-1}	$N_{63.5}$	承载力特征值 $[R]$/kPa
褐黄色冲填土	1.0	+3.38	—	—	—	—	—	—	—	—	—
塘底淤泥	0.5	+0.58	43.9	16.95	14.5	1.30	8.8	16	0.061	0	—
淤泥质黏土	未穿	—	63.0	16.66	20.0	1.47	9.8	11.5	0.013	—	58.8
灰色填充土	2.3	+1.08	5.6	17.74	11.3	1.04	8.8	22.5	0.029	< 2	—
淤泥质亚黏土	7	−6.42	34.2	18.2	11.3	1.00	8.8	21	0.043	—	98

2.5.3　设计与施工概况

1）设计方案比较

（1）如基础埋入至淤泥质亚黏土层内，需挖土 4 m，因地下水位高，且浜底淤泥渗透性差，采用井点降水效果不佳，施工困难。

（2）不挖土，打 20 cm×20 cm 的钢筋混凝土短桩，桩长 5.8 m，单桩承载力只有 50～

80 kN。因冲填土尚未完全固结,需做架空室内地板,会增加造价。

(3) 如采用表面压实法处理,可使地下水位高的砂性冲填土发生液化。

(4) 用砂垫层置换部分冲填土,辅以井点降水,并适当降低基底压力。

最后设计采用第(4)种方案,并控制基底压力为 74 kPa。

2) 施工情况

(1) 砂垫层材料采用中砂,用平板式振捣器分层捣实,控制土的干重度大于 16 kN/m³。

(2) 沿建筑物四周布置井点,井管滤头进入浜底淤泥质亚黏土层内,但因浜底淤泥的渗透性差,降水效果不好,补打井点,将滤头提高至填土层底。

(3) 吊装三层楼板时停止井点抽水。

3) 效果及评价

(1) 建筑物变形。

实测沉降量约 20 cm,纵向相对弯曲值 0.000 8,均未超过《上海市地基基础设计规范》(DGJ08-11—1999)规定的容许沉降量和实测相对弯曲最大值。

(2) 由于十字条形基础和砂垫层处理都起到了均匀传递和扩散压力的作用,还改善了暗浜(浜底淤泥未挖除)内冲填土的排水固结条件。冲填土和淤泥在承受上部结构荷载后,孔隙水压力增大,并通过砂垫层排水,同时将应力传递给土粒。当颗粒间应力大于土的抗剪强度时,土粒发生相对运动,土层逐渐固结,强度随之提高。

(3) 浜底淤泥的存在,致使井点降水效果受到限制,影响冲填土固结和天然地基承载力的提高,并给地基处理带来不少困难。

第3章

振密、挤密

振密、挤密是指通过夯击、振动或挤压使地基土体密实，土体抗剪强度提高，压缩性减小，达到提高地基承载力和减小沉降的地基处理方法。主要有原位压实法，强夯法，挤密砂石桩法，爆破挤密法，土桩、灰土桩法，夯实水泥土桩法等。本章主要介绍强夯法，碎（砂）石桩法，石灰桩法，水泥粉煤灰碎石桩法。

振密、挤密法一般适用于非饱和土地基或土体渗透性好的地基。在夯击、振动或挤压作用下，地基土将被压缩，体积变小，土的抗剪强度提高。采用振密、挤密法加固渗透性很小的饱和软黏土地基时，在振动和挤压作用下，地基土体中的水难以及时排出。在不排水条件下，饱和土体的体积是不变的，因此，采用振密、挤密法难以使渗透性很小的饱和软黏土地基得到加固。饱和软黏土地基在振动和挤压作用下，地基土体中超孔隙水压力提高，而且土体结构可能产生破坏，形成"橡皮土"，这时地基承载力不仅不会提高，而且可能降低。因此，采用振密、挤密法加固地基时应重视不同方法的适用范围。

一般说来，振密、挤密法加固地基所需用的施工设备比较简单，使用加固材料少，有的加固方法甚至不需要使用加固材料，因此其加固费用低。对需要进行加固的地基如能采用振密、挤密法进行加固时，应优先考虑使用振密、挤密法，同时，应考虑振密、挤密法施工对周围环境可能产生的不良影响。

3.1 强夯法

3.1.1 概　述

强夯法是20世纪60年代末、70年代初首先在法国发展起来的，国外称之为动力固结法，以区别于静力固结法。它通常利用夯锤自由下落产生强大的冲击能量，在地基中形成冲击波和动应力，使地基土压实和振密，以加固地基土，达到提高强度、降低压缩性、改善砂土的液化条件、消除湿陷性黄土的湿陷性目的。一般重锤采用80～300 kN（最重可达2 000 kN），落距为8～30 m（最高可达40 m），夯击能量通常为500～8 000 kN·m。

强夯法主要用于碎石土、砂土、杂填土、低饱和度的粉土与黏性土、湿陷性黄土和人工填土等地基的加固处理。对于饱和度较高的淤泥和淤泥质土，应该通过现场试验获得效果后再采用。强夯法的主要缺点是:施工时振动大,噪音大,对附近建筑物的影响大,所以在城市中不宜采用。

强夯法 1969 年首次应用于夯实法国的 Riviera 滨海填土。该场地是新近填筑的,地表下为 9 m 厚的碎石填土,其下是 12 m 厚疏松的砂质粉土,场地上要求建造 20 栋 8 层的住宅楼。由于碎石填土完全是新近填筑的,如使用桩基,将产生占单桩承载力 60%～70% 的负摩擦力,十分不经济;且对较轻的结构如不同时使用桩基支承,则结构将产生差异沉降,可能导致结构的破坏。后用堆载预压,推土 5 m 厚,在约 100 kPa 压力下,历时 3 个月,沉降平均仅 20 cm,承载力仅提高 30%,加固效果不显著。后法国工程师 L. Menard 提出,用锤重 80 kN 的重锤,以落距 10 m,每击冲击能 800 kN·m、能量 1 200 kJ/m^2 的参数将该场地夯击一遍,地面沉降了 50 cm。夯后检测表明土工指标得到改善,旁压仪的资料证明土的强度提高了 2～3 倍。建造的 8 层住宅楼竣工后,其平均沉降仅为 13 mm,差异沉降可忽略不计。

强夯法试验成功后,迅速在世界各国推广。各届国际土力学及基础工程学会会议上都有大量论文发表。我国于 1978 年 11 月至 1979 年初首次由交通运输部一航局科研所及其协作单位,在天津新港 3 号公路进行了强夯试验研究。在初次掌握了这种方法的基础上,于 1979 年 8 月又在秦皇岛码头对堆煤场细砂地基进行了试验并正式使用,效果显著。此后,强夯法在全国各地迅速推广。据不完全统计,迄今全国已有十几个省、市在数百项工程中采用该方法,并发表了大量论文,取得了明显的社会、经济效益。

强夯法经过 30 余年的发展,已广泛应用于一般工业与民用建筑、仓库、油罐、公路、铁路、飞机场跑道及码头的地基处理中,主要适用于加固砂土和碎石土、低饱和度粉土与黏性土、湿陷性黄土、杂填土和素填土等地基。强夯法以其适应性强、效果好、造价低、工期短等优点,成为我国地基处理的一项重要技术。

虽然如此,但是强夯法加固地基至今还没有形成一套成熟的理论计算方法,通常凭经验和现场试验获得设计施工参数。强夯法加固理论需要在实践中总结提高。

3.1.2　加固机理

虽然强夯法在实践中已被证实是一种较好的地基处理方法,国内外学者也从不同的角度进行了大量的研究,但到目前为止,还没有形成一套成熟和完善的理论及设计计算方法。对强夯法加固机理的认识,应该区分为宏观机理和微观机理。宏观机理从加固区土体所受到的冲击力、应力波的传播、土体强度对土的密实影响方面加以解释;微观机理则是对在冲击力作用下,土的微观结构变化,如土颗粒的重新排列、连接做出解释。另外,还要区别饱和土和非饱和土,饱和土的固结是土中孔隙水的排出过程,而非饱和土则复杂得多。近代土力学对非饱和土进行了一系列的研究,也取得了不少研究成果。由于黏性土和无黏性土有力学性质的差异,因此也应该区别对待。对一些特殊土,例如湿陷性黄土、淤泥等,其加固机理也有不同之处。

目前,强夯法加固地基有三种不同的加固机理,即:动力密实(dynamic compaction)、动力固结(dynamic consolidation)和动力置换(dynamic replacement)。各种加固机理的特性取决于地基土的类别和强夯施工工艺。

1) 动力密实

强夯法加固粗颗粒、非饱和以及多孔隙土时,利用的机理是动力密实机理,即用冲击型动力荷载让土体中的孔隙体积减小,密度增大,从而使地基土强度得以提高。比如当非饱和土进行夯实时,土中的气相被挤出,其夯实变形主要是由土颗粒的相对位移引起的。实践表明,强夯时,地面会立即产生沉陷,一般夯击一遍后,其沉陷深度可达 $0.6\sim1.0$ m,夯坑底部会形成一超压密硬壳层,承载力提高 $2\sim3$ 倍。

2）动力固结

强夯法处理细颗粒饱和土时,利用的机理是动力固结机理,即巨大的冲击能量在土中产生巨大的应力波,毁坏土体原有的结构,使饱和土体的局部发生液化,产生许多裂隙,这样就会增加排水通道,让孔隙水排出,等到超孔隙水压力消散后,土体固结。另外,软土具有触变性,土的强度得以提高。Menard 教授根据工程实践,第一次对传统的固结理论提出了不同的看法,讲述了"饱和土是可以压缩的"新的机理,即饱和土的加固机理。

（1）饱和土的压缩性。

由于土中有机物的分解,土中总存在一些微小气泡,土颗粒之间的孔隙水也有孔隙可压缩,其体积占整个体积的 $1\%\sim3\%$,最多可达 4%。

进行强夯时,气体体积压缩,孔隙水压力增大（产生超孔隙水压力）。随后气体有所膨胀,孔隙水排出,孔隙水压力减小,固相体积始终不变。夯击一遍,液相体积就有所减少,气相体积也减少,这是与以往的固结理论不同之处。

在冲击力作用下,含有空气的孔隙水不能立即消散而具有滞后现象。气相的体积也不可能立即膨胀,可用图 3-1 模型中活塞与筒体之间存在摩擦力来加以说明。土颗粒周围的吸着水,由于振动或温度上升而变作自由水。其结果是土颗粒之间的内聚力削弱,土的强度降低,这可用图 3-1 模型中弹簧强度是可变的来加以说明。

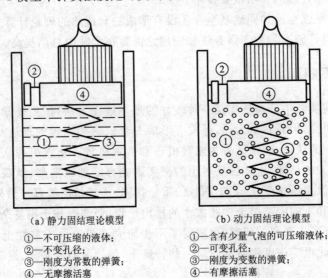

（a）静力固结理论模型
①—不可压缩的液体;
②—不变孔径;
③—刚度为常数的弹簧;
④—无摩擦活塞

（b）动力固结理论模型
①—含有少量气泡的可压缩液体;
②—可变孔径;
③—刚度为变数的弹簧;
④—有摩擦活塞

图 3-1 静力固结理论与动力固结理论模型

（2）土体液化。

土体沉降与夯击能成正比,当夯击能达到一定程度时,即当气体的体积百分比接近于零时,土质具有不可压缩性,此界限值称为饱和能。饱和能的大小与土的种类有关,一般为 $500\sim2\ 000$ $(kN\cdot m)/m^3$。夯击能达到饱和能时,土体产生液化,吸着水变成了自由水,土的强度下降到最小值。必须注意,一旦达到饱和能量的瞬间,就不能再夯击,否则对土体固结不利。这是因为夯击能过大,土体固结条件遭到破坏,孔隙水反而不易排出,土体强度降低后难以恢复。

(3) 渗透性变化。

强夯时,在巨大的夯击能量作用下,土体中会出现动应力和冲击波。当土体中的超孔隙水压力大于土颗粒间的侧向压力时,土颗粒间就会出现裂隙,形成排水通道。此时,土的渗透系数剧增,孔隙水会顺利排出。如果施工现场的夯点是网格状布置的或是有规则布置的,由于夯击能量的积聚,在夯坑四周会形成有规则的垂直裂缝,因此会出现涌水现象。综上所述,应规划好施工顺序,若无规则地乱夯,只会破坏排水通道的连续性。因此,在现场勘察得到的夯击前土工试验所测量的渗透系数,并不能说明夯击后孔隙水压力迅速消散这一特性,土层的渗透系数会有所改变。当孔隙水压力消散到小于侧向压力时,原来产生的裂隙会自行闭合,土中水的运动重新恢复常态。

(4) 触变恢复。

从试验中可知,在夯实进行中土的抗剪强度明显降低,当土体液化或接近液化时,抗剪强度为零或最小,吸附水变成自由水。孔隙水压力消散,土的抗剪强度和变形模量大幅度增长,土体颗粒间的接触更加紧密,新的吸附水层逐渐固定,这是由于自由水重新被土颗粒吸附变成了吸着水的缘故。这就是具有触变性的土的特性。触变性与土质种类有很大关系,有的恢复快,有的恢复非常慢。所以强夯效果的检验工作宜在夯后4～5周进行。

应当指出,土在触变恢复过程中,对振动是十分敏感的,所以在这期间进行测试工作时一定要十分注意。大量的试验实测资料证实了L. Menard提出的新的动力固结理论是正确的,强夯对饱和黏性土地基加固是有一定效果的,如果夯击参数选择得合理,效果会更为显著。

3) 动力置换

动力置换可分为整式置换和桩式置换(见图3-2)。整式置换是采用强夯的能量将碎石、矿渣等物理力学性能较好的粗颗粒材料强制整体挤入淤泥中,主要通过置换作用来达到加固地基的作用,其作用机理类似于换土垫层。桩式置换是通过强夯将碎石填筑于土体中,部分碎石桩(墩)间隔地夯入软土中,形成桩(墩)式的碎石桩(墩)。在置换过程中,土体的结构被破坏,地基土中产生超孔隙水压力,随着时间的延续,土体的强度得到恢复,同时由于碎石桩(墩)具有较好的透水性,可以使超孔隙水压力迅速消散。其作用机理类似于振冲法等形成的碎石桩,它主要是靠碎石的内摩擦角和墩间土的侧限来维持桩体的平衡,并与墩间土起复合地基作用。

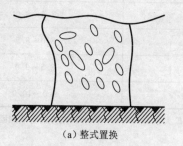

(a) 整式置换　　　　　　　　(b) 桩式置换

图3-2　动力置换类型

3.1.3 设计计算

强夯法加固地基的设计内容包括:① 确定有效加固深度以及单击夯击能;② 确定夯锤的形状、重量以及落距;③ 确定夯击范围、夯击点的平面布置、每点夯击击数、强夯施工夯击遍数以及间歇时间;④ 确定垫层厚度;⑤ 施工现场测试设计。

1) 有效加固深度

强夯法加固地基能达到的有效加固深度不仅是选择地基处理方法的重要依据,而且直接影响强夯法加固地基的加固效果。土的工程性质和单击夯击能是强夯法有效加固深度的主要决定因素。单击夯击能的确定主要取决于落锤和落距,同时也与地基土性质、夯锤底面积等因素有关。由于强夯加固地基有效加固深度 H 的影响因素比较复杂,所以一般应通过试验确定。在试验前也可采用式(3-1)估算有效加固深度:

$$H = \alpha \sqrt{\frac{Mh}{10}} \tag{3-1}$$

式中　H——有效加固深度,m;

　　　M——锤重,kN;

　　　h——落距,m;

　　　α——小于 1 的修正系数,其变动范围为 0.35~0.7,一般对黏土取 0.5,对砂性土取 0.7,对黄土取 0.35~0.5。

影响有效加固深度的因素有单击夯击能、地基土的性质、不同土层的厚度、埋藏顺序和地下水位等,有效加固深度应根据现场试夯或当地经验确定。在缺少试验资料或经验时,《建筑地基处理技术规范》(JGJ 79—2012)建议了其取值范围,见表 3-1。

表 3-1　强夯的有效加固深度　　　　　　　　　　　　(单位:m)

单击夯击能/(kN·m)	碎石土、砂土等粗颗粒土	粉土、粉质黏土、湿陷性黄土等细粒土
1 000	4.0~5.0	3.0~4.0
2 000	5.0~6.0	4.0~5.0
3 000	6.0~7.0	5.0~6.0
4 000	7.0~8.0	6.0~7.0
5 000	8.0~8.5	7.0~7.5
6 000	8.5~9.0	7.5~8.0
8 000	9.0~9.5	8.0~8.5
10 000	9.5~10.0	8.5~9.0
12 000	10..0~11.0	9.0~10.0

注:强夯法的有效加固深度应从最初起夯面算起;单击夯击能 E 大于 12 000 kN·m 时,强夯的有效加固深度应通过试验确定。

2）单击夯击能

单击夯击能为夯锤重 M 与落距 h 的乘积。单击夯击能一般应根据加固土层的厚度、地基状况和土质成分由下式确定：

$$E = Mh \tag{3-2}$$

$$E = \left(\frac{H}{\alpha}\right)^2 g \tag{3-3}$$

式中　E——单击夯击能，kJ；

M——锤重，kN；

g——重力加速度，$g = 9.8 \text{ m/s}^2$；

h——落距，m；

H——加固深度，m；

α——小于 1 的修正系数，其变动范围为 $0.35 \sim 0.7$，一般对黏土取 0.5，对砂性土取 0.7，对黄土取 $0.35 \sim 0.5$。

3）确定夯锤和落距

单击夯击能确定后，根据要求的单击夯击能和施工设备条件来确定夯锤重量和落距。夯锤重量确定后还需确定夯锤尺寸以及自动脱钩装置。

强夯设备的自动脱钩装置由工厂定型生产。夯锤挂在脱钩装置上，当起重机将夯锤吊到设计高度时，自动脱钩装置可使锤自由下落。

夯锤质量宜为 $10 \sim 60$ t。夯锤材质多采用钢板为壳，壳内灌混凝土制成，可用铸钢。夯锤底平面一般为圆形。锤重有 100 kN，150 kN，200 kN，300 kN 等。夯锤中需要设置若干个上下贯通的气孔，这样，既可以减小起吊夯锤时的吸力，又可减少夯击时落地前瞬间气垫的上托力。夯锤底面积大小取值与夯锤重量和地基土体性质有关，通常取决于表层土质，对黏性土地基一般采用 $3 \sim 6 \text{ m}^2$，对砂性土地基一般采用 $2 \sim 4 \text{ m}^2$。

夯锤确定后，根据要求的单击夯击能量就能确定夯锤的落距。国内通常采用的落距为 $8 \sim 25$ m。对相同的夯击能量，常选用大落距的施工方案。这是因为增大落距可获得较大的接地速度，能将大部分能量有效地传到地下深度，增加深层夯实效果，减小消耗在地表土层塑性变形上的能量。

4）最佳夯击能

从理论上讲，在最佳夯击能作用下，地基土中出现的孔隙水压力达到土的自重压力，这样的夯击能称为最佳夯击能。在黏性土中，由于孔隙水压力消散缓慢，当夯击能逐渐增大时，孔隙水压力相应叠加，因此可根据孔隙水压力的叠加来确定最佳夯击能。在砂性土中，孔隙水压力增长及消散过程仅为几分钟，因此孔隙水压力不能随夯击能增加而叠加，可根据最大孔隙水压力增量与夯击次数关系来确定最佳夯击能。夯点的夯击次数，可按现场试夯得到的夯击次数和夯沉量关系曲线确定，并应同时满足下列条件：

（1）最后两击的平均夯沉量不宜大于下列数值：当单击夯击能小于 4 000 kN·m 时为 50 mm，当单击夯击能为 $4\,000 \sim 6\,000$ kN·m 时为 100 mm，当单击夯击能为 $6\,000 \sim 8\,000$ kN·m 时为 150 mm，当单击夯击能为 $8\,000 \sim 12\,000$ kN·m 时为 200 mm，当单击夯击能

大于 12 000 kN·m 时,应通过试验确定平均夯沉量。

(2)夯坑周围地面不应发生过大的隆起。

(3)不因夯坑过深而发生提锤困难。

夯点的夯击次数也可参照夯坑周围土体隆起的情况予以确定,就是当夯坑的竖向压缩量最大而周围土体的隆起最小时的夯击数为该点的夯击次数。夯坑周围地面隆起量太大,说明夯击效率降低,则夯击次数要适当减少。对于饱和细粒土,击数可根据孔隙水压力的增长和消散来决定;当被加固的土层将发生液化时,此时的击数即为该遍击数,以后各遍击数也可按此确定。

5)夯击点布置及间距

夯击点布置是否合理与夯实效果有直接的关系。夯击点位置可根据基础底面形状,采用等边三角形、等腰三角形或正方形布置。对于某些基础面积较大的建(构)筑物,为便于施工,可按等边三角形或正方形布置夯击点;对于办公楼、住宅建筑等,可根据承重墙位置布置夯击点,一般可采用等腰三角形布点,这样可保证横向承重墙以及纵墙和横墙交接处墙基下均有夯击点;对于工业厂房来说,也可按柱网来设置夯击点。

夯击点间距的选择宜根据建筑物结构类型、加固土层厚度及土质条件通过试夯确定。对细颗粒土来说,为便于超静孔隙水压力的消散,夯击点间距不宜过小。当加固深度要求较大时,第一遍的夯击点间距更不宜过小,以免在夯击时在浅层形成密实层而影响夯击能往下传递。若夯击点间距太小,在夯击时上部土体易向侧向已夯成的夯坑内挤出,从而造成坑壁坍塌,夯锤歪斜或倾倒,影响夯实效果。反之,如夯击点间距过大,也会影响夯实效果。第一遍夯击点间距可取夯锤直径的(2.5~3.5)倍,第二遍夯击点应位于第一遍夯击点之间,以后各遍夯击点间距可适当减小。对处理深度较深或单击夯击能较大的工程,第一遍夯击点间距宜适当增大。

我国目前工程上常用的夯击点间距是 3~9 m,实践证明,间隔夯击(简称间夯)比连夯好。间夯对深层加固有利,原因是间夯便于能量在土中被吸收,使夯击能有利于向深层传递,孔隙水容易向低压区排出,可先固结一部分地基土。夯第二遍时,可使充满孔隙水的另一部分土体得到能量,克服土颗粒对水的吸附力,将土体孔隙水挤出而得到加固,提高了强度。连夯则全面产生超孔隙水压,没有低压区,孔隙水处于相对平衡,反而使水不容易排出。夯击点过密,相邻夯点的加固效果将在浅层处叠加形成硬层,影响波的传播和造成能量损失,又因浅层受面波的运动做功而松动,为了使地基表层受到加固,必须满夯一遍。

强夯的处理范围应大于基础的范围。对于一般建筑物而言,每边超出基础外缘的宽度宜为设计处理深度的 1/2~2/3,并且不宜小于 3 m。对可液化地基,基础边缘的处理宽度不应小于 5 m,对湿陷性黄土地基,应符合现行国家标准《湿陷性黄土地区建筑规范》(GB 50025—2004)的有关规定。

6)夯击遍数

夯击遍数应根据地基土的性质确定,可采用点夯 2~4 遍。对于渗透性较差的细颗粒土,应适当增加夯击遍数,最后以低能量满夯 2 遍,满夯可采用轻锤或低落距锤多次夯击,锤印搭接。满夯的夯实效果好,可减小建(构)筑物的沉降和不均匀沉降。

7) 间歇时间

间歇时间是指两遍夯击之间的时间间隔。时间间隔大小取决于地基土体中超孔隙水压力消散所需的时间。对渗透性好的地基,强夯在地基中形成的超孔隙水压力消散很快,可连续夯击,不需要间歇时间。若地基土渗透性较差,强夯在地基土体中形成的超孔隙水压力消散较慢,两遍夯击之间所需间歇时间要长,一般需间歇 3～4 周才能进行下一遍夯击。

8) 垫层铺设

由于强夯施工设备较重,要求施工场地能支承较重的强夯起重设备,所以强夯施工前一般需要铺设垫层,使地基具有一层较硬的表层以能支承较重的强夯起重设备,并便于强夯夯击能的扩散,也可加大地下水位与地表的距离,有利于强夯施工。对地下水位较高的饱和黏性土地基与易于液化流动的饱和砂土地基,都需要铺设垫层才能进行强夯施工,否则,地基土体会发生流动;对场地地下水位在 2 m 深度以下的砂砾石层,无需铺设垫层可直接进行强夯。铺设垫层的厚度随场地的土质条件、夯锤的重量和形状等条件而定。砂砾石垫层厚度一般可取 0.5～2.0 m。当场地土质条件好、夯锤较小或形状构造合理时,也可采用较薄的垫层厚度,但铺设的垫层不能含有黏土。

9) 现场测试设计

现场测试工作是强夯施工中的一个重要的组成部分。因此,在大面积施工之前应选择面积不小于 400 m² 的场地,进行现场试验以取得强夯设计数据。测试工作一般有以下几个方面的内容:

(1) 孔隙水压力观测。

一般可在试验现场沿夯击点等距离的不同深度和等深度的不同距离埋设双管封闭式孔隙水压力仪或钢弦式孔隙水压力仪,在夯击作用下,进行孔隙水压力沿深度和水平距离的变化情况测试,从而确定两个夯击点的夯距、夯击的影响范围、间歇时间以及饱和夯击能等参数。

(2) 强夯振动影响范围观测。

可通过测试地面振动加速度了解强夯对周围环境的影响。通常将地表的最大振动加速度等于 0.98 m/s²(即认为是相当于 7 度地震烈度)的位置作为设计时振动影响的安全距离。为了减小强夯振动对周围建筑物的影响,可在夯区周围设置隔振沟。

(3) 地面沉降观测。

每夯击一次应及时测量夯击坑及夯坑周围地面的沉降、隆起,以便估计强夯处理地基的效果。通过每一夯击后夯击坑的沉降量来控制夯击击数。

(4) 深层沉降和侧向位移测试。

如果想要了解强夯处理过程中深层土体的位移情况,可在地基中设置深层沉降标测量不同深度土体的竖向位移,同时也可以在夯坑周围埋设测斜管测量土体侧向位移沿深度的变化。这样可以有效了解强夯处理有效加固深度和夯击的影响范围。

3.1.4 施工方法

1) 施工机械

强夯施工机械宜采用带有自动脱钩装置(见图 3-3)的履带式起重机或其他强夯专用设备。采用履带式起重机时,可在臂杆端部设置辅助门架,或采用其他安全措施,防止落锤时起重架产生倾覆。

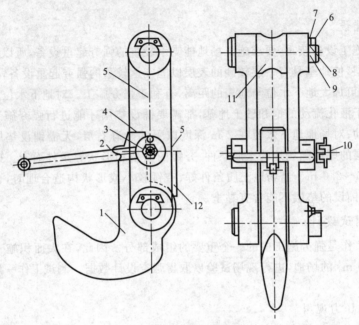

图 3-3　自动脱钩装置

1—吊钩;2—锁卡伸臂;3—螺栓;4—开口锁;5—架板;6—螺栓;7—垫圈;
8—止动板;9—销轴;10—螺母;11—鼓形轮;12—护板

当强夯施工所产生的振动对邻近建筑物或设备可能产生有害影响时,应设置监测点,并采取隔振、防振措施。

在施工前要做如下准备:

(1)强夯前应查明场地范围内地下构筑物、管线和其他设施的位置及标高等参数,并采取必要措施加以妥善处理,以免强夯施工时造成损坏。

(2)当强夯施工所产生的振动会对邻近建筑物或其他设施产生有害影响时,应采取防振、隔振或其他必要措施。

(3)当场地地下水位高或夯坑内积水影响施工时,宜人工降低地下水位或铺填一定厚度的松散材料,场地或夯坑内积水应及时排出。

2) 施工步骤

强夯加固地基施工一般可按下列步骤进行:

(1)清理并平整施工场地。

(2)铺设垫层。对地下水位较高的黏性土地基和易于液化的粉细砂地基,强夯前需铺设厚度一般为 0.5~2.0 m 的砂石垫层。对地下水位在 2 m 深度以下的砂砾石地基,可以直接进行夯击,无需铺设垫层。

(3) 放线定位夯点。

(4) 对第一遍第一次夯击点进行夯击。在夯击前后均需测量夯点处和夯点周围地面标高,每夯击一次测量一次。按设计规定夯击次数及控制标准,完成一个夯点的夯击。移动夯击点对第一遍夯击点依次进行夯击。

(5) 按设计要求顺序完成第一遍夯击。

(6) 完成第一遍夯击后,用推土机填平夯坑,并测量场地高程。

(7) 在规定间歇时间后,按上述步骤(3)至(6)进行第二遍夯击。

(8) 按上述步骤完成设计要求的夯击遍数。最后用低能量满夯,将场地表层松土夯实,并测量夯后场地高程。

强夯施工时应对每一夯击点的夯击能量、夯击次数和每次夯沉量等做好现场记录,在夯击过程中按设计要求进行监测。

3.1.5 质量检验

为了对强夯法处理过的场地做出加固效果评价,检验其是否满足设计的预期效果,必须进行强夯后的检验。

(1) 强夯加固效果的检验方法随工程的不同而不同。《建筑地基处理技术规范》(JGJ 79—2012)中明确规定,强夯处理地基竣工后,承载力的检验应采取原位测试和室内土工试验。

(2) 强夯地基检验的数量应根据场地的复杂程度和建筑物重要性来决定。对于简单场地的一般建筑物,每 400 m² 不少于 1 个检测点,且不少于 3 点;对复杂场地或重要建筑地基,每 300 m² 不少于 1 个检测点,且不少于 3 点。

(3) 强夯检验的项目和方法。对于一般工程,应用两种或两种以上方法综合检验,如室内土工试验测定处理后土体的物理力学指标、现场十字板剪切试验、动力触探试验、静力触探试验、旁压试验、波速试验和载荷试验;对于重要工程,应增加检验项目,必须做现场大型载荷试验;对液化场地,应做标贯试验。检验深度应超过设计处理深度。

(4) 强夯检验应在场地施工完成并经时效后进行。对粗粒土地基,应使孔压充分消散,一般间隔时间可取 1~2 周;对饱和细粒粉土、黏性土则需孔压消散、土触变恢复后进行,一般需 3~4 周。由于孔压消散后土体积变化不大,取土检验孔隙比及干密度比较准确。土触变尚未完全恢复容易受扰动,故动力触探振动容易引起对探杆的握裹力,常使测值偏大。一般说静力触探效果较好,可作为主要的使用方法。越是深层,触变恢复及固结的时间越长,10~15 m 范围夯后 3 个月以后仍显著增长,浅层由于夯坑填砂而迅速稳定。

(5) 强夯场地地表夯击过程中标高变化较大,勘察检验时需认真测定孔标高,换算为统一高程,以便于夯前、夯后测定成果的对比。

3.1.6 工程实例

1) 工程概况

某工程位于厦门市湖里区,场地南侧约 40 m 处为疏港路,北侧为规划路,东西两侧为空地。场地原始地貌为:南侧部分为坡地,其余大部分处于沟谷冲洪积阶地,地势低洼。后因城市建设需要,场地被大面积回填改造,强夯加固前工地现场地势平缓,并大致由东向西倾斜,地面绝对标高为 6.35~11.95 m,最大高差约 5.60 m。拟强夯加固面积约 30 000 m²,要求地基经强夯处理后地基承载力达到 150 kPa 以上。

2) 工程地质条件

场地地基主要由素填土、砂质黏土、局部淤泥、含泥中砂、残积土及强风化花岗岩等组成。素填土未做专门的压实处理,密实程度较低,均匀性差;砂质黏土力学强度由一般至较高,但厚度不均,部分地段较薄,且局部下伏有软弱土层;局部淤泥压缩性高,强度低;含泥中砂大多呈松散状态,且在地震基本烈度 7 度时会产生轻微液化现象。

3) 强夯机具及技术参数的确定

(1) 单击夯击能和有效加固深度的确定。

强夯有效加固深度按公式(3-1)估算。

本工程单击夯击能选用 1 500 kN·m 能级强夯,根据试验分析初步确定修正系数 $\alpha = 0.45$,设计强夯有效加固深度为 5.5 m。

(2) 夯锤和落距的选用。

本工程采用起重能力为 15 t 的履带式起重机。脱钩器是二杠杆机构,当锤提到预定高度,通过拉解在控制杆的绳,锤即自动下落。夯锤质量采用 15 t,夯锤采用钢板为壳,壳内灌混凝土制成,夯锤底面采用球形。

(3) 夯击范围和夯击点布置。

本工程强夯加固范围为超出建筑物基础边线 4 m。夯击点布置为梅花形,间距为 4 m × 4 m。

(4) 夯击击数和夯击遍数。

夯击能采用 1 500 kN·m,每遍每点夯击击数为 8~10 击,夯击遍数采用 2 遍。

(5) 间歇时间。

本工程间歇时间取 6 d。

4) 强夯加固效果

强夯加固施工后对场地地基强夯加固效果进行检验。检验方法主要采用轻型、重型动力触探及标贯试验,共布置测点 24 个,其中重探、标贯试验各 6 个,轻探 12 个。为比较地基土夯前与夯后物理及力学性能指标的变化,在夯后的测试过程中,取一定数量的原状土进行试验分析。地基土在夯前、夯后的物理力学指标对比见表 3-2。

表 3-2　夯前、夯后地基土体物理力学指标比较

地基土编号		取土高程 /m		天然重度 /(kN·m⁻³)		干重度 /(kN·m⁻³)		孔隙比		压缩模量 /MPa	
夯　前	夯　后	夯　前	夯　后	夯　前	夯　后	夯　前	夯　后	夯　前	夯　后	夯　前	夯　后
zk8-y1	zk1-y1	7.85	6.35	18.7	20.1	15.3	16.8	0.97	0.82	5.05	5.68
zk31-y1	zk3-y1	7.93	6.53	16.9	19.4	13.6	15.7	0.75	0.69	4.02	4.74

地基土编号		取土高程/m		天然重度/(kN·m⁻³)		干重度/(kN·m⁻³)		孔隙比		压缩模量/MPa	
夯　前	夯　后	夯　前	夯　后	夯　前	夯　后	夯　前	夯　后	夯　前	夯　后	夯　前	夯　后
zk18-y1	zk5-y2	8.14	6.66	16.9	18.7	13.6	15.5	0.97	0.72	4.98	5.68
zk33-y1	zk7-y2	7.88	6.35	18.2	20.1	14.8	16.8	0.82	0.59	4.56	4.95
Zk46-y1	zk9-y1	8.22	6.72	17.9	19.7	13.9	15.9	0.93	0.68	4.02	4.67

强夯前后土体物理力学参数比较表明,夯后土体干密度比夯前明显增大,土体孔隙比比夯前显著减小,压缩模量 E_s 值比夯前明显增大,各项指标达到了设计要求,采用强夯加固效果明显,满足设计要求。

3.2　碎(砂)石桩

3.2.1　概　述

砂石桩在 19 世纪 30 年代起源于欧洲,最早于 1835 年由法国工程师设计,用于海湾沉积软土上建造兵工厂的地基工程中。此后,在很长时间内由于缺乏先进的施工工艺及施工设备以及没有较实用的设计计算方法而发展缓慢。第二次世界大战以后,这种方法在前苏联得到广泛应用并取得了较大成就。

1959 年我国首次在上海重型机器厂采用锤击沉管挤密砂桩法处理地基,1978 年又在上海宝山钢铁公司采用振动重复压拔管砂桩施工法处理原料堆场地基。这两项工程为我国在饱和软弱黏性土中采用砂石桩特别是砂桩取得了丰富的经验。近年来,我国将砂石桩广泛应用于工业与民用建筑、交通和水利电力等工程建设中。

碎石桩和砂桩合称为碎(砂)石桩,又称挤密碎(砂)石桩或碎(砂)石桩挤密法,是指用振动、冲击或振动水冲等方式在软弱地基中成孔后,再将碎石或砂挤压入土孔中,形成大直径的由碎石或砂所构成的密实桩体的地基处理方法。这属于散体桩复合地基的一种。

砂石桩起初是用来处理人工填土和松散砂土地基的。当前,在软弱黏性土地基中的应用也取得了一定的经验。由于软弱黏性土的渗透性较小,灵敏度高,成桩过程中产生的超孔隙水压力不能迅速消散,挤密效果较差,而且因扰动而破坏了土的天然结构,降低了土的抗剪强度。如果在软弱黏性土中形成砂石桩复合地基后,再对其进行加载预压,可以提高地基强度和整体稳定性,并减少工后沉降。如果不进行预压,砂石桩施工后的地基在荷载作用下仍有较大的沉降变形,对于沉降要求较严的建筑物难以满足要求,因此,采用砂石桩处理饱和软弱黏性土地基应根据工程对象区别对待,通过现场试验来确定其适宜性。

工程实践表明,砂石桩用于处理松散砂土和塑性指数不高的非饱和黏性土地基,其挤密(或振密)效果较好,不仅可以提高地基承载力、减少地基的固结沉降,而且可以防止砂土由于振动或地震所产生的液化。砂石桩处理饱和软弱黏性土地基时,主要是置换作用,可以提高地基承载力和减少沉降,同时,还起排水通道作用,能够加速地基的固结。

碎石桩法通常用于粉土、松散砂土、素填土、黏性土和杂填土等地基的处理。

1）碎石桩法

在地基中设置由碎石组成的竖向增强体（或称桩体）形成复合地基，达到地基处理目的的地基处理方法，均称为碎石桩法。

碎石桩法加固地基的原理是在地基中设置碎石桩体形成复合地基，以提高地基承载力和减少沉降。碎石桩桩体具有很好的透水性，有利于超静孔隙水压力消散。碎石桩复合地基具有较好的抗液化性能。

按施工方法的不同，碎石桩法可分为：① 振冲碎石桩法；② 干振挤密碎石桩法；③ 沉管碎石桩法；④ 沉管夯扩碎石桩法；⑤ 袋装碎石桩法；⑥ 强夯置换碎石桩法。

2）砂桩法

砂桩法是指利用振动或冲击荷载，在软弱地基中成孔后，填入砂并将其挤压入土中，形成较大直径的密实砂桩的地基处理方法，主要包括砂桩置换法和挤密砂桩法等。

3.2.2　加固机理

地基土的性质不同，砂石桩对其加固机理也不尽相同。换言之，砂石桩在砂性土和黏性土中的加固机理是有区别的。

1）在松散砂土和粉土地基中的作用

（1）挤密作用。

采用冲击法或振动法往砂土中下沉桩管和一次拔管成桩时，由于桩管下沉对周围砂土产生很大的横向挤压力，桩管就将地基中同体积的砂挤向周围的砂层，使其孔隙比减小，密度增大，这就是挤密作用。有效挤密范围可达3～4倍桩直径。这就是通常所谓的"挤密砂桩"。

根据圆柱形孔扩张理论，在土中沉管时，桩管周围的土因受到挤压、扰动而发生变形和重塑。由于挤压，紧贴于桩管上的土结构遭到完全破坏，牢固地黏贴在桩管表面随桩管同时移动。施工拔管时此层土膜有时被桩管带出地面。桩管周围塑性变形区，由于受到挤压应力和孔隙水压力的共同作用，其强度显著降低。从桩管表面到塑性变形区和弹性变形区在挤压应力作用下，土体受到不同程度的压密。受到严重扰动的塑性变形区土的强度会随休止期的增长而渐渐恢复，砂石桩成桩后，随着超孔隙水压力的消散，其强度将加速恢复。

（2）振密作用。

沉管特别是采用垂直振动的激振力沉管时，桩管四周的土体受到挤压，同时，桩管的振动能量以波的形式在土体中传播，引起桩四周土体的振动，在挤压和振动作用下，土的结构逐渐破坏，孔隙水压力逐渐增大。由于土结构的破坏，土颗粒重新进行排列，向较低势能的位置移动，从而使土由较松散状态变为密实状态。随着孔隙水压力的进一步增大，当达到大于主应力数值时，土体开始液化成流体状态，流体状态的土变密实的可能性较小，如果有排水通道（砂石桩），土体中的水就沿着排泄通道排出地面。随着孔隙水压力的消散，土粒重新排列、固结，形成新的结构。由于孔隙水排出，土体的孔隙比降低，密实度得到提高。在砂土和粉土中振密作用比挤密作用要显著，是砂石桩的主要加固作用之一。振密作用在宏观上表现为振密变形。振动成桩过程中，一般形成以桩管为中心的"沉降漏斗"，直径达$(6\sim9)d$（d 为桩直径），并形成多条环状裂隙。

振动作用的大小不仅与砂土的性质有关,还与振动成桩机械的性能有关,如振动力、振动频率等有关。例如砂土的起始密实度越低,抗剪强度越小,破坏其结构强度所需要的能量就少。因此,振密作用影响范围越大,振密作用越显著。

(3) 抗液化作用。

在地震作用或振动作用下,饱和砂土和粉土的结构受到破坏,土中的孔隙水压力升高,从而使土的抗剪强度降低。当土的抗剪强度完全丧失,或者土的抗剪强度降低,土不再能抵抗它原来所能安全承受的作用剪应力时,土体就发生液化流动破坏。此即砂土或粉土地基的振动液化破坏。由于砂土、粉土本身的特性,这种破坏宏观上表现为土体喷水冒砂,土体长距离的滑流,地基上的建筑物上浮和地表建筑物的下陷等现象。

砂石桩法形成的复合地基,其抗液化作用主要表现在两个方面:

① 桩间可液化土层受到挤密和振密作用。土层的密实度增加,结构强度提高,表现为土层标贯击数的增加,从而提高土层本身的抗液化能力。

② 砂石桩的排水通道作用。砂石桩为良好的排水通道,可以加速挤压和振动作用产生的超孔隙水压力的消散,降低孔隙水压上升的幅度,从而提高桩间土的抗液化能力。

2) 在黏性土地基中的作用

碎(砂)石桩在软弱黏性土地基中,主要通过桩体的置换和排水作用加速桩间土体的排水固结,形成复合地基,提高地基的承载力和稳定性,改善地基土的力学性能。

(1) 置换作用。

对黏性土地基,特别是软弱黏性土地基,其黏粒含量高,粒间应力大,并多为蜂窝结构,孔隙大多在 $10^{-7} \sim 10^{-4}$ cm。在振动力或挤压力的作用下,土中水不易排走,会出现较大的超静孔隙水压力,扰动土和同密度同含水量的原状土相比,其力学性能会变差。所以,碎(砂)石桩对饱和黏性土地基的作用不是挤密加固作用,甚至桩周土体的强度会出现暂时的降低。碎(砂)石桩对黏性土地基的作用之一是利用桩体本身的强度形成复合地基。荷载试验表明,碎石桩和砂桩复合地基承受外荷载时,发生压力向刚度大的桩体集中的现象,使桩间土层承受的压力减小,沉降比相应减小。碎石桩和砂桩复合地基与天然的软弱黏性土地基相比,地基承载力增大率和沉降减小率与置换率成正比。根据日本的经验,地基的沉降减小率为 $0.7 \sim 0.9$。

砂石置换法是一种换土置换,即以性能良好的砂石来替换不良的软弱黏性土。排土法是一种强制置换法,它是通过桩机械将不良地基强制排开并置换,但是,它们对桩间土的挤密作用并不明显,有时在施工时会使饱和软黏土地基地面产生较大的隆起,有时还会造成表层硬壳土松动。由于碎石桩和砂桩的刚度比桩周土的刚度大,而地基中应力按材料变形模量进行重新分配,因此,大部分荷载将由碎石桩和砂桩来承担,桩体应力和桩间黏性土应力之比值称为桩土应力比,一般能达到 $2 \sim 4$。

(2) 排水作用。

软黏土是一种颗粒细、渗透性差且结构性较强的土,在成桩的过程中,由于振动挤压等扰动作用,桩间土出现较大的超静孔隙水压力,从而导致原地基土的强度降低。有的工程实测资料表明,制桩后立即测试,桩间土含水量增加了 10%,干密度下降了 3%,十字板强度比原地基土降低了 $10\% \sim 40\%$,制桩结束后,一方面原地基土的结构强度逐渐恢复,另外,在软黏土中,所制的碎石桩或砂桩是黏性土地基中一个良好的排水通道,碎石桩或砂桩可以和砂井一样起排水作用,大大缩短了孔隙水的水平渗透途径,加速了软土排水固结,加快了地基土的沉降稳定。加固结果使有效应力增加,强度恢复并提高,甚至超过原土强度。

(3)加筋作用。

如果软弱土层厚度不大,则桩可穿透整个软弱土层达到其下的相对硬层上面,此时,桩体在荷载作用下就会产生应力集中,从而使软土地基承担的应力相应减小,其结果与天然地基相比,复合地基承载力提高,压缩减小,稳定性增加,沉降速率加快,土体抗剪强度得到改善,土坡的稳定性大大改善,这种加固作用就是通常所说的"加筋法"。

(4)垫层作用。

如果软弱土层较厚,则桩体不可能穿透整个土层,此时,加固过的复合桩土层能起到垫层作用,垫层将荷载扩散,使扩散到下卧层顶面的应力减弱并使分布趋于均匀,从而提高地基的整体抵抗力,减小其沉降量。

由上可以看出,碎石桩和砂桩对砂类土地基、黏性土地基有挤(振)密、抗液化、置换、排水固结、复合桩土垫层及加筋土作用。通过以上加固作用,可以达到提高地基承载力,减小地基沉降量,加速固结沉降,改善地基稳定性,提高砂土地基的相对密度,增加抗液化能力等目的。

3.2.3　设计计算

采用砂石桩处理地基时,应补充设计、施工所需要的相关资料,包括砂土的相对密度、砂石料特性、可采用的施工机具及性能等。

各类碎石桩复合设计主要包括下述几个方面:桩体材料的选择,桩体直径的大小,布桩形式、桩距、桩长的选择,碎石桩和砂桩复合地基稳定性验算及地基沉降的计算。

1) 一般原则

(1)加固范围。

加固范围通常都大于基础底面面积,一般应根据建筑物的重要性、场地条件以及基础形式确定。

① 采用振冲置换法,对一般多层建筑和高层建筑地基,宜在基础外缘增加1～3排桩;对可液化地基,应在基础外缘扩大宽度,且不应小于基底下可液化土层厚度的1/2。

② 若用振冲密实法,应在基础外缘放宽不得少于5 m。

③ 若采用振动成桩法或锤击成桩法进行沉管作业,应在基础外缘增加不少于1～3排桩;当用于防止砂层液化时,每边放宽不宜小于处理深度的1/2,并不应小于5 m;当可液化土层上覆盖有厚度大于3 m的非液化土层时,每边放宽不宜小于液化土层厚度的1/2,且不应小于3 m。

(2)桩位布置。

对大面积满堂处理,桩位宜用等边三角形布置;对独立或条形基础,桩位宜用正方形、矩形或等腰三角形布置;对于圆形或环形基础(如油罐基础),宜用放射形布置,如图3-4所示。

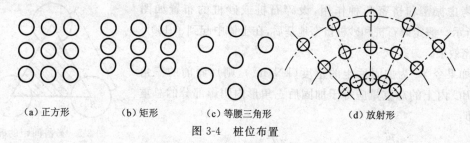

|（a）正方形|（b）矩形|（c）等腰三角形|（d）放射形|

图 3-4　桩位布置

（3）桩径。

碎石桩和砂桩的直径应根据地基土质情况和成桩设备等因素确定。采用 30 kW 振冲器成桩时,碎石桩的桩径一般为 800～1 000 mm,采用沉管法成桩时,碎石柱和砂桩的桩径一般为 300～800 mm,对饱和黏性土地基宜选用较大的直径。

（4）桩长。

桩长即加固深度,加固深度应根据软弱土层的性能、厚度或工程要求按下列原则确定。

① 当软土层不厚时,应穿透软土层。

② 当软土层较厚时,对按变形控制的工程,加固深度应满足砂桩复合地基变形不超过地基容许变形值并满足下卧层承载力的要求。

③ 当软土层厚度较大时,对于按稳定性控制的工程,加固深度应不小于最危险滑动面以下 2.0 m 的深度。

④ 在可液化地基中,加固深度应按要求的抗震处理深度确定。

⑤ 桩长不宜小于 4 m。

（5）材料。

桩体材料可以就地取材,一般使用中粗混合砂、碎石、卵石、角砾、圆砾和砂砾石等硬质材料,含泥量不得大于 5%。碎石桩桩体材料等的容许最大粒径与振冲器的外径和功率有关,对 30 kW 振冲器,填料直径宜为 20～80 mm;对 55 kW 振冲器,填料直径宜为 30～100 mm;对 75 kW 振冲器,填料直径宜为 40～150 mm。沉管桩桩体材料可用含泥量不大于 5% 的碎石、卵石、角砾、圆砾、砾砂、粗砂、中砂或石屑等硬质材料,最大粒径不宜大于 50 mm。

（6）垫层。

碎（砂）石桩施工完毕后,桩顶和基础之间宜铺设 300～500 mm 厚垫层,材料宜为中砂、粗砂、级配砂石和碎石等,最大粒径不宜大于 30 mm。垫层宜分层铺设,并用平板振动器振实,其夯填度（夯实后的厚度与虚铺厚度的比值）不应大于 0.9。在不能保证施工机械正常行驶和作业的软弱土层上,应该铺设临时性的施工垫层。

2）用于砂性土地基设计计算方法

对于砂性土地基,主要是从挤密的观点出发考虑地基加固中的设计问题,首先根据工程对地基加固的要求（如提高地基承载力、减小变形或抗地震液化等）确定达到的密度和孔隙比,并考虑桩位布置形式和桩径大小,计算桩的间距。

（1）桩间距。

砂石桩的间距 L 应该通过现场试验来确定。对于松散粉土和砂土地基,沉管砂石桩的桩间距不宜大于桩直径的 4.5 倍。初步设计时可以按照下面的方法进行计算。

考虑振密和挤密两种作用,设碎石桩或砂桩的布置如图 3-5 所示。假定碎石桩和砂桩挤密地基后,在土体中起到了 100% 的挤密效果。

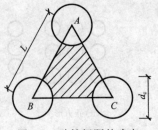

图 3-5 砂桩间距的确定

如果令 γ_y 为加固后土的重度(kN/m^3),则加固前的三角形 ABC 内土的总重量应等于加固后三角形内阴影部分的总重量,即:

$$\frac{\sqrt{3}}{4}L^2\gamma = \left(\frac{\sqrt{3}}{4}L^2 - \frac{\pi d_c^2}{8}\right)\gamma_y \tag{3-4}$$

式中 d_c——挤密桩的直径,m;

  γ——砂性土的天然重度,kN/m^3。

式(3-4)整理后有:

$$L = 0.95d_c\sqrt{\frac{\gamma_y}{\gamma_y - \gamma}} \tag{3-5}$$

根据土的三相比例指标换算关系,也可得:

$$L = 0.95d_c\sqrt{\frac{1+e_0}{e_0 - e_1}} \tag{3-6}$$

式中 e_0, e_1——地基加固前后的孔隙比。

同理,当挤密桩采用正方形布置时,有:

$$L = 0.89d_c\sqrt{\frac{\gamma_y}{\gamma_y - \gamma}} \tag{3-7}$$

或者

$$L = 0.89d_c\sqrt{\frac{1+e_0}{e_0 - e_1}} \tag{3-8}$$

地基挤密后达到的孔隙比 e_1 可按下面两种方法确定:

① 根据工程对地基承载力的要求,结合设计规范,确定出砂土地基加固后要求达到的密实度,推算出加固后的孔隙比。

② 根据工程对抗震的要求,确定砂石桩加固地基后达到的相对密实度 D_r,然后根据式 (3-9)计算加固后的孔隙比。

$$e_1 = e_{max} - D_r(e_{max} - e_{min}) \tag{3-9}$$

式中 e_{max}, e_{min}——砂土的最大孔隙比和最小孔隙比,可按照国家标准《土工试验方法标准》(GBT 50123—1999)的有关规定确定;

  D_r——地基挤密后要求砂土达到的相对密实度,可取 0.70~0.85。

对粉土和砂土地基,桩间距计算公式是假设地面标高施工前后没有变化而推导得出的。实际上,很多工程采用振动沉管法施工时,对地面有振密和挤密作用,地面会有下沉,下沉量一般可达到 100~300 mm。因此,采用振动沉管法施工时,桩间距可以适当增大,采取修正系数对下列公式进行修正即可。根据《建筑地基处理技术规范》(JGJ 79—2012)的规定,按照下列公式确定桩间距:

正方形布置

$$L = 0.89 d_c \xi \sqrt{\frac{1 + e_0}{e_0 - e_1}} \tag{3-10}$$

正三角形布置

$$L = 0.95 d_c \xi \sqrt{\frac{1 + e_0}{e_0 - e_1}} \tag{3-11}$$

式中 ξ——修正系数,当考虑振动下沉密实作用时,可取 $1.1 \sim 1.2$;不考虑振动下沉密实作用时,取 1.0。

（2）填料量。

材料在桩孔内的填料量应通过现场试验确定,估算时可以按照式（3-12）确定。如施工中地面有下沉或隆起现象,则填料数量应根据现场具体情况予以增减。

每根碎石桩或者砂桩每米桩长的填料量 q 可以由下式得到:

$$q = \eta \frac{e_0 - e_1}{1 + e_0} A \tag{3-12}$$

式中 q——一根碎（砂）石桩每米桩长的填料量,m^2;

A——一根碎（砂）石桩所分担的加固面积,m^2;

η——充盈系数,一般可取 $1.2 \sim 1.4$。

按照下面的方法计算填砂石量:

$$W = A_s l d_s (1 + 0.01\omega) / (1 + e_1) \tag{3-13}$$

式中 W——填砂石量（以重量计）,kN;

A_s——砂石桩截面积,m^2;

d_s——砂石料的重度,kN/m^3;

ω——砂石料的含水量,$\%$;

e_1——孔隙比;

l——砂石桩长度,m。

（3）液化判别。

可液化的粉土和砂土地基,加固后地基的相对密实度应大于液化临界时所对应的相对密实度。根据国家标准《建筑抗震设计规范》（GB 50011—2010）规定:应该采用标准贯入试验判别法,在地面以下 20 m 深度范围内的液化应符合式（3-14）要求,但对于可不进行天然地基及基础的抗震承载力验算的各类建筑,可以只判别地面以下 15 m 范围内土的液化,当有成熟经验时,尚可采用其他判别方法。

$$\left. \begin{array}{l} N_{63.5} < N_{cr} \\ N_{cr} = N_0 \beta \left[\ln(0.6 d_s + 1.5) - 0.1 d_w \right] \sqrt{3 / \rho_c} \end{array} \right\} \tag{3-14}$$

式中 $N_{63.5}$——液化土层加固后的标准贯入锤击数实测值,击;

N_{cr}——液化判别标准贯入锤击数临界值,击;

N_0——液化判别标准贯入锤击数基准值,按照表 3-3 选用,击;

d_s——饱和土标准贯入点深度,m;

ρ_c——黏粒含量百分率,当小于 3 或为砂土时,应采用 3;

d_w——地下水位深度,宜按建筑使用期内年平均最高水位采用,也可按近期内年最高水位采用,m;

β——调整系数,设计地震第一组取 0.80,第二组取 0.95,第三组取 1.05。

表 3-3 液化判别标准贯入锤击数基准值 N_0

设计基本地震加速度	0.1g	0.15g	0.2g	0.3g	0.4g
液化判别标准贯入锤击数基准值/击	7	10	12	16	19

这种液化的判别法只考虑了桩间土的抗液化能力,而未考虑碎石桩和砂桩的加固作用,所以,其判别结果是偏安全的。

(4) 设计时需要注意的问题。

① 由于成桩挤密时产生的超孔隙水压力在黏土夹层中不可能很快消散,因此,当细砂层内存在薄黏土夹层时,在确定标准贯入击数时应该考虑"时间效应",一般要求一个月以后再进行检测。

② 碎石桩和砂桩施工时,在表层 $1\sim2$ m 内,由于周围土所受的约束小,有时不可能做到充分的挤密,故需要用其他的表层压实方法进行再处理。

③ 由于标准贯入试验的试验技术和设备等方面的问题,标准贯入击数一般比较离散。因此,每个场地的钻孔数量应不少于 5 个,且每层土中应取得 15 个以上的标准贯入击数,并根据统计方法进行数据的处理,以取得有代表性的数值。

④ 黏土颗粒含量大于 20% 为砂性土,因为会影响土层的挤密效果,故对包含碎石桩和砂桩在内的平均地基强度,必须另外估算。

3) 用于黏性土的设计计算方法

黏性土地基(特别是饱和软土),砂石桩的作用主要是置换作用,在地基中形成密实度较高的桩体,砂石桩与原黏性土构成复合地基。

(1) 计算所用参数。

① 桩体内摩擦角 φ_p。据统计,对于碎石桩,φ_p 可以取 $35°\sim45°$,多采用 $38°$;对于砂桩则比较复杂,没有统一的标准。

② 桩的直径。桩的直径与土的类型和强度、桩材粒径、施工机具类型、施工质量等因素有关。一般而言,在强度较低的土层中形成的桩的直径较大,在强度较高的土层中形成的桩的直径较小;振冲器的振动力越大,桩的直径越大;如果施工质量控制不好,还会出现上粗下细的"胡萝卜"形桩体。因此,所谓桩的直径是指按每根桩的用料量来估算的平均理论直径,一般为 $0.8\sim1.2$ m。

③ 不排水抗剪强度。不排水抗剪强度不仅可以判断加固方法的适用性,还可以初步选择桩的间距,预估加固后的承载力和施工的难易程度。宜用现场十字板剪切试验测定。

④ 面积置换率。面积置换率是桩的截面积 A_p 与其影响面积 A 之比,用 m 来表示,即

$$m = \frac{A_p}{A} = \frac{A_p}{(A_s + A_p)} \tag{3-15}$$

式中 m——砂石桩的面积置换率,一般在 $0.25\sim0.40$ 之间;

A_p——桩的截面积,$\mathrm{m^2}$;

A_s——被加固范围内所剩土占的面积,$\mathrm{m^2}$;

A——被加固的面积,$A = A_s + A_p$,$\mathrm{m^2}$。

工程中一般把桩的影响面积化为与桩同轴的等效影响圆,其直径为 d_e,那么面积置换

率也可表示为：

$$m = \frac{d^2}{d_e^2}$$ (3-16)

式中 d——桩身平均直径，m；

d_e——根桩分担的处理地基面积的等效圆直径，m。

等边三角形布置

$$d_e = 1.05L$$ (3-17)

正方形布置

$$d_e = 1.13L$$ (3-18)

矩形布桩

$$d_e = 1.13\sqrt{L_1 L_2}$$ (3-19)

式中 L, L_1, L_2——桩间距、纵向间距和横向间距，m。

桩间距应通过现场试验确定，不宜大于砂石直径的3倍。初步设计时，桩间距也可以按以下公式估算：

等边三角形布置

$$L = 1.08\sqrt{A_c}$$ (3-20)

正方形布置

$$L = \sqrt{A_c}$$ (3-21)

$$A_c = A_p/m$$

式中 A_c——一根砂石桩承担的处理面积，m²；

A_p——砂石桩的截面积，m²。

（2）承载力的计算。

① 单桩承载力。

如果作用于桩顶的荷载足够大，碎（砂）石桩桩体就会发生破坏，且可能出现的破坏形式有三种：鼓出破坏、刺入破坏和剪切破坏。因为碎（砂）石桩桩体都是由碎石或砂等散体土颗粒组成，其桩体的承载力主要取决于桩间土的侧向约束能力，绝大多数的破坏形式属于鼓出破坏。

目前国内外有关碎（砂）石桩的单桩极限承载力的估算方法有多种，如侧向极限应力法、整体剪切破坏法和球穴扩张法等。

这里只简单介绍常见的三种计算方法：Brauns 单桩极限承载力法、Wong 方法和综合单桩极限承载力法。

a. Brauns 单桩极限承载力法。

根据鼓胀破坏形式，J. Brauns(1978)提出单根桩极限承载力计算方法，如图3-6、图3-7所示。J. Brauns 假设单桩的破坏是空间轴对称问题，桩周土体是被动破坏。如碎（砂）石料的内摩擦角为 φ_p，当桩顶应力 p_p 达到极限时，考虑 $BB'A'A$ 内的土体发生被动破坏，即土块 ABC 在桩的侧向力 p_{r0} 的作用下沿 BA 面滑出，亦即出现鼓胀破坏的情况。J. Brauns 在推导公式

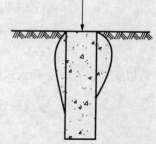

图3-6 桩体的鼓胀破坏形式

时做了三个假设条件:

(a) 桩的破坏段长度 $h = 2r_0 \tan \delta_p$(式中,r_0 为桩的半径,$\delta_p = 45° + \dfrac{\varphi_p}{2}$);

(b) $\tau_m = 0, p_0 = 0$;

(c) 不计地基土和桩的自重。

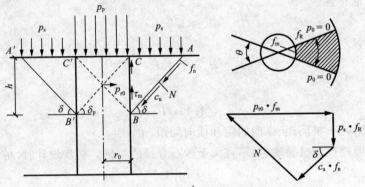

图 3-7　Brauns 的单桩计算图示

f_R—地基土极限承载力 p_s 的作用面积,m^2;c_u—地基土不排水抗剪强度,kPa;f_n—c_u 的作用面积,m^2;
f_m—侧向力 p_{r0} 的作用面积,m^2;p_p—桩顶应力,kPa;p_s—桩间土面上的应力,kPa;δ—BA 面与水平面夹角,(°)

根据力多边形,列出投影在 f_n 方向的力平衡方程式:

$$p_{r0} f_m \cos \delta = c_u f_n + p_s f_R \sin \delta \tag{3-22}$$

为计算方便给出以下三个等式:

$$\begin{cases} h = 2r_0 \tan \delta_p \\ x = h \cot \delta = 2r_0 \tan \delta_p \cot \delta \\ m = h/\sin \delta = 2r_0 \tan \delta_p / \sin \delta \end{cases}$$

上式中 x 为 AC 的长度,m 为 AB 的长度,又有:

$$f_m = 2\pi r_0 h = 2\pi r_0 2r_0 \tan \delta_p$$

$$f_n = \frac{2\pi[r_0 + (r_0 + x)]}{2} m = \pi(r_0 + r_0 + 2r_0 \tan \delta_p \cot \delta) \frac{2r_0 \tan \delta_p}{\sin \delta}$$

$$= 2\pi r_0 (1 + \tan \delta_p \cot \delta) 2r_0 \tan \delta_p / \sin \delta$$

$$= 4\pi r_0^2 (1 + \tan \delta_p \cot \delta) \tan \delta_p / \sin \delta$$

$$f_R = (r_0 + x)^2 \pi - r_0^2 \pi = [(r_0 + 2r_0 \tan \delta_p \cot \delta)^2 - r_0^2] \pi$$

$$= \pi(r_0 + 2r_0 \tan \delta_p \cot \delta + r_0)(r_0 + 2r_0 \tan \delta_p \cot \delta - r_0)$$

$$= \pi(2r_0 + 2r_0 \tan \delta_p \cot \delta) 2r_0 \tan \delta_p \cot \delta$$

$$= 4\pi r_0^2 (1 + \tan \delta_p \cot \delta) \tan \delta_p \cot \delta$$

将以上 f_m, f_n, f_R 代入式(3-22)得:

$$p_{r0} 4\pi r_0^2 \tan \delta_p \cos \delta = c_u 4\pi r_0^2 (1 + \tan \delta_p \cot \delta) \frac{\tan \delta_p}{\sin \delta} +$$

$$p_s 4\pi r_0^2 (1 + \tan \delta_p \cot \delta) \tan \delta_p \cot \delta \sin \delta$$

即

$$p_{r0} \cos \delta = c_u (1 + \tan \delta_p \cot \delta) \frac{1}{\sin \delta} + p_s (1 + \tan \delta_p \cot \delta) \cos \delta$$

所以

$$p_{r0} = \left(p_s + \frac{2c_u}{\sin 2\delta}\right)\left(1 + \frac{\tan \delta_p}{\tan \delta}\right) \tag{3-23}$$

另外

$$p_p = p_{r0} \tan^2 \delta_p \tag{3-24}$$

为了解出极限承载力 p_p，必须求出 p_{r0} 的极值。

按 $\frac{\partial p_{r0}}{\partial \delta} = 0$ 得：

$$\frac{p_s}{2c_u} \tan \delta_p = -\frac{\tan \delta}{\tan 2\delta} - \frac{\tan \delta_p}{\tan 2\delta} - \frac{\tan \delta_p}{\sin 2\delta} \tag{3-25}$$

从上式用试算法解 δ 后，再代入式(3-23)和式(3-24)，从而可确定单桩极限承载力 p_p。

当求单根碎(砂)石桩极限承载力时，$p_s = 0$，则式(3-23)为：

$$p_{r0} = \frac{2c_u}{\sin 2\delta}\left(\frac{\tan \delta_p}{\tan \delta} + 1\right) \tag{3-26}$$

相应按照

$$\frac{\partial p_{r0}}{\partial \delta} = 0$$

得：

$$\tan \delta_p = \frac{1}{2} \tan \delta (\tan^2 \delta - 1) \tag{3-27}$$

在已知 δ_p 的条件下，代入式(3-27)得 δ。另外又在已知 δ_p 和 δ 的情况下，代入式(3-26)得 p_{r0}，再代入式(3-24)得 p_p。

如碎石桩，求解时可以假定碎石桩的内摩擦角 $\varphi_p = 38°$，从而求出 $\delta_p = 45° + \varphi_p/2$ 后代入式(3-27)得 $\delta = 61°$。再将 $\varphi_p = 38°$ 和 $\delta = 61°$ 代入式(3-26)得 p_{r0}，代入式(3-24)得 $[p_p]_{max}$，则

$$[p_p]_{max} = \tan^2 \delta_p \cdot \frac{2c_u}{\sin 2\delta}\left(\frac{\tan \delta_p}{\tan \delta} + 1\right) = 20.75 c_u$$

由上式可见，只要得知建筑场地的 c_u 值，便可以求得单桩极限承载力 $[p_p]_{max}$。

b. Wong 方法。

1975 年 Wong 提出单桩承载力特征值 q_{ap} 与沉降量 D 的大小有关，可分别计算。

当沉降要求较小时，有：

$$q_{ap} = \frac{1}{K_p}(K_s \sigma_s + 2c_u \sqrt{K_s}) \tag{3-28}$$

容许中等沉降时，有：

$$q_{ap} = \frac{1}{\left(1 - \frac{3D}{4l}\right)K_p}\left(K_s \sigma_s + 2c_u \sqrt{K_s} + \frac{3}{4} D K_s \gamma_s\right) \tag{3-29}$$

容许较大沉降时，有：

$$q_{ap} = \frac{2}{K_p}\left[K_s\sigma_s + 2c_u\sqrt{K_s} + \frac{3}{4}DK_s\gamma_s\left(1 - \frac{3D}{4l}\right)\right] \tag{3-30}$$

式中　q_{ap}——单桩承载力特征值,kPa;

　　　D——沉降量,m;

　　　c_u——地基土的不排水抗剪强度,kPa;

　　　K_p——桩体的侧压力系数;

　　　K_s——原地基土的被动土压力系数;

　　　γ_s——原地基土的重度,kN/m³;

　　　σ_s——原地基土的压力强度,kPa;

　　　l——桩长,m。

c. 综合单桩极限承载力法。

目前最常用的计算方法是侧向极限应力法,即假设单根碎(砂)石桩的破坏是空间轴对称问题,桩周土体是被动破坏。因此,可以按照下式计算碎(砂)石桩的单桩极限承载力:

$$[p_p]_{max} = K_p\sigma_n \tag{3-31}$$

式中　K_p——被动土压力系数,$K_p = \tan^2\left(45° + \frac{\varphi_p}{2}\right)$,$\varphi_p$ 为碎(砂)石料的内摩擦角,可取

　　　　　$35° \sim 45°$;

　　　σ_n——桩体侧向极限应力,kPa。

有关侧向极限应力 σ_n,目前有几种不同的计算方法,但它们可写成一个通式,即

$$\sigma_n = \sigma_{h0} + K'c_u \tag{3-32}$$

式中　c_u——地基土的不排水抗剪强度,kPa;

　　　K'——常量,对于不同的方法有不同的取值;

　　　σ_{h0}——某深度处的初始总侧向应力,kPa。

σ_{h0} 的取值也随计算方法的不同而有所不同。为了统一,将 σ_{h0} 的影响包含于参数 K',则式(3-32)可改写为:

$$[p_p]_{max} = K_pK'c_u' \tag{3-33}$$

如表 3-4 所示,对于不同的方法有其相应的 K_pK' 值,从表中可看出,他们的值是接近的。

表 3-4　不排水抗剪强度及单桩极限承载力

c_u/kPa	土　类	K'	K_pK'	文　献
19.4	黏　土	4.0	25.2	Hughes 和 Withers(1974)
19.0	黏　土	3.0	15.8~18.8	Mokashi 等(1976)
—	黏　土	6.4	20.8	Brauns(1978)
20.0	黏　土	5.0	20.0	Mori(1979)
—	黏　土	5.0	25.0	Broms(1979)
15.0~40.0	黏　土	—	14.0~24.0	韩杰(1992)
—	黏　土	—	12.2~15.2	郭蔚东、钱鸿缙(1990)

推荐采用下式估算单桩极限承载力:

$$[p_p]_{max} = 20c_u \tag{3-34}$$

关于碎(砂)石料的内摩擦角,根据统计,对碎石桩,φ_p 可取 $35°\sim45°$。对砂石桩,可参考以下经验公式:

(a) 对级配良好的棱角砂,$\varphi_p = \sqrt{12N} + 25$;

对级配良好的圆粒砂和均匀棱角砂,$\varphi_p = \sqrt{12N} + 20$;

对均匀圆粒砂,$\varphi_p = \sqrt{12N} + 13$。

(b) $\varphi_p = \dfrac{5}{6}N + 26.67 \quad (4 \leqslant N \leqslant 10)$;

$\varphi_p = \dfrac{1}{4}N + 32.5 \quad (10 < N \leqslant 50)$。

(c) $\varphi_p = 0.3N + 27$。

(d) $\varphi_p = \sqrt{20N} + 5$。

(e) $\varphi_p = \sqrt{15N} + 15$。

上述公式中 N 为标贯击数。

② 复合地基承载力。

如图 3-8 所示,在碎(砂)石桩和黏性土所构成的复合地基上作用外荷载 p,设作用在桩和黏性土上的应力分别为 p_p 和 p_s,A 为一根砂桩所承担的加固面积,A_p 为一根砂桩的面积。

假设基础是刚性的,则作用在面积 A 和 A_p 范围内的应力是不变的,即有:

$$pA = p_p A_p + p_s(A - A_p) \qquad (3-35)$$

因为桩土应力比 $n = \dfrac{p_p}{p_s}$,将其代入公式(3-35),并结合式(3-15)可得:

$$\frac{p_p}{p_s} = \frac{n}{1 + (n-1)m} = \mu_p \qquad (3-36)$$

$$\frac{p_s}{p} = \frac{1}{1 + (n-1)m} = \mu_s \qquad (3-37)$$

$$p = [m(n-1) + 1]p_s \qquad (3-38)$$

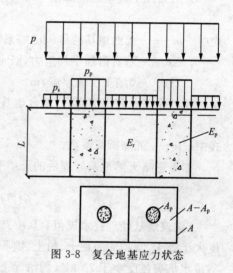

图 3-8 复合地基应力状态

式中 μ_p, μ_s——应力集中系数和应力降低系数。

由此可知,只要由实测资料求得砂桩上的应力 f_{pk} 和桩间黏性土上的应力 f_{sk} 后,就可以求出复合地基的极限承载力 p。当然,复合地基的极限承载力亦可以直接由复合地基的载荷试验求得。实践证明,碎石桩的桩土应力比值一般为 $2\sim4$,原天然地基土强度低,桩土应力比取最大值。

对于小型工程的黏性土地基,如果没有现场载荷试验资料,在进行初步设计时,复合地基的承载力特征值可按下式估算:

$$f_{spk} = [m(n-1) + 1]f_{sk} \qquad (3-39)$$

式中 n——桩土应力比,在无实测资料时,对黏性土可取 $2\sim4$,对粉土和砂土可取 $1.5\sim3$,原天然地基土强度低时取大值,原天然地基土强度高时取小值。

（3）沉降计算。

① 分层总和法。

碎（砂）石桩的沉降计算主要包括复合地基加固区部分的沉降和加固区下卧层部分的沉降。加固区下卧层天然地基的沉降量可以按照国家标准《建筑地基基础设计规范》（GB 50007—2011)计算。

复合地基加固区部分的沉降计算应按照现行国家标准《建筑地基处理技术规范》（JGJ 79—2012)的有关规定执行。计算时，复合地基土层的压缩模量可以按下式计算：

$$E_{sp} = [m(n-1)+1]E_s \qquad (3-40)$$

式中　E_{sp}——复合地基土层的压缩模量，MPa;

　　　E_s——桩间土的压缩模量，宜按当地经验取值，如无经验时，可取天然地基的压缩模量，MPa。

目前还未形成碎（砂）石桩复合地基的沉降计算经验系数。

② 沉降折减法。

天然黏性土地基的沉降量一般可用下式表示：

$$s = m_V \Delta p H \qquad (3-41)$$

式中　m_V——天然地基的体积压缩系数（即单位应力增量作用下的体积应变），kPa^{-1};

　　　Δp——垂直附加平均应力，kPa;

　　　H——固结土层的厚度，m。

经过碎（砂）石桩加固后，复合地基的沉降量为：

$$s' = \beta s \qquad (3-42)$$

式中　β——沉降折减系数。

如果忽略天然地基处理后的土质变化（即处理效果），则有：

$$\beta = \mu_s = \frac{1}{1+(n-1)m} \qquad (3-43)$$

《建筑地基处理技术规范》（JGJ 79—2012)规定，振冲置换法适用于处理不排水抗剪强度大于等于 20 kPa 的黏土、粉土、饱和黄土及人工填土等地基。国内也有在天然地基土的不排水抗剪强度小于 20 kPa 的情况下采用振冲法加固地基的成功实例，但在软弱地基条件下仍以慎重为宜，并需要经试验确定其适宜性后再决定采用与否。因为，在抗剪强度太低的软土中难以形成碎石桩体，或者形成桩体后受荷载作用会产生较大的径向变形。所以，采用振冲置换法加固软土地基，对地基土的抗剪强度有一定要求，这一点必须引起重视。

（4）稳定性分析。

如果用砂桩或碎石桩来改善天然地基的整体稳定性，则可根据复合地基的稳定性来计算桩距。即利用砂桩或碎石桩复合地基的抗剪特性，再使用圆弧滑动来进行试算。砂桩或碎石桩复合地基的抗剪强度由砂桩或碎石桩抗剪强度和桩间土抗剪强度组成，如图 3-9 所示。假定在复合地基中某深度处剪切面与水平面的夹角为 θ，如果考虑砂桩或碎石桩和桩间黏性土两者都发挥抗剪强度，则可得复合地基的抗剪强度为：

$$\tau_{sp} = (1-m)c + m(\mu_p f_{sp} + \gamma_p z)\tan\varphi_p \cos^2\theta \qquad (3-44)$$

式中　τ_{sp}——复合地基的抗剪强度，kPa;

　　　m——面积置换率，%;

c——桩间黏性土的黏聚力,kPa;

μ_p——应力集中系数,$\mu_p = \dfrac{n}{1+(n-1)m}$;

γ_p——桩体的重度,水下用浮重度,kN/m^3;

z——自地表面起算的计算深度,m;

θ——剪切面与水平面的夹角,(°);

φ_p——砂桩或碎石桩的内摩擦角,(°)。

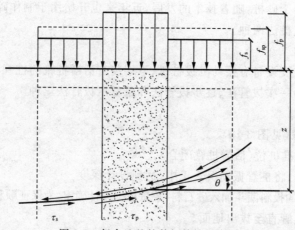

图 3-9　复合地基的剪切特性示意图

如果不考虑因荷载作用桩间土产生固结黏聚力的提高,则可用天然地基土的黏聚力 c_0,若考虑这种固结对黏聚力的提高,则 c 值为:

$$c = c_0 + \mu_s f_{sp} U \tan \varphi_{cu} \tag{3-45}$$
$$\mu_s = \frac{1}{1+(n-1)m}$$

式中　c_0——天然地基土的黏聚力,kPa;

u——天然地基土的固结度,%;

φ_{cu}——地基土的固结不排水剪切内摩擦角,(°);

μ_s——应力降低系数;

m——置换率,%。

将式(3-45)代入式(3-44)可得:

$$\tau_{sp} = (1-m)(c_0 + \mu_s f_{sp} U \tan \varphi_{cu}) + m(\mu_p f_{sp} + \gamma_p z) \tan \varphi_p \cos^2 \theta \tag{3-46}$$

式(3-46)为砂桩或碎石桩和桩间黏性土同时发挥抗剪强度时,复合地基的抗剪强度。严格地说,黏聚力 c 和内摩擦角 φ_p 必须取同一剪切变形的数值,但是,在设计中要求考虑这一点是很困难的。

在实际设计中,系数 μ_p 和 μ_s 中所包含的桩土应力比与土的性质、处理参数、加载过程等因素有关,但是,设计时,一般按 $n = 3 \sim 5$ 考虑。

按稳定性设计时,需先假定置换率 m,然后按一般方法进行复合地基稳定验算。如不能满足稳定性要求时,可改变置换率再进行验算,直到满足稳定性要求为止。复合地基的滑动稳定性验算一般相当复杂。故在设计时,圆弧滑动一般采用程序设计。

3.2.4 施工方法

砂石桩施工方法主要有振动沉管法和振冲法。近年来发展的一些新方法也可用于设置挤密砂石桩,如柱锤冲扩桩法、各种孔内夯扩法。柱锤冲扩桩法采用柱锤冲击成孔,回填砂石,边填边夯,可在地基中设置挤密砂石桩。这里简单介绍沉管法和振冲法。

1) 沉管法

沉管法主要应用于砂桩,随着技术的发展,近年来也开始用于制作碎石桩。沉管法包括振动成桩法和冲击成桩法两种。

(1) 振动成桩法。

振动成桩法的主要设备有振动沉拔桩机、下端装有活瓣桩靴的桩管和加料设备。

振动成桩法分为一次拔管法、逐步拔管法和重复压拔管法三种。

① 一次拔管法。

a. 成桩工艺步骤(见图 3-10)。

(a) 桩管垂直对准桩位(活瓣桩靴闭合)。

(b) 启动振桩锤,将桩管振动沉入土中,达到设计深度。

(c) 从桩管上端的投料漏斗加入砂石料,数量根据设计确定,为保证顺利下料,可加适量水。

(d) 边振动边拔管直至拔出地面。

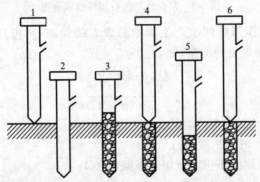

图 3-10 一次拔管和逐步拔管成桩工艺

b. 质量控制。

(a) 通过拔管速度控制桩身的连续性和密实度。拔管速度应通过试验确定,一般地层情况下,拔管速度为 $1 \sim 2$ m/min。

(b) 通过填砂石的数量来控制桩身直径。利用振动将桩靴充分打开,顺利下料。当砂石料量达不到设计要求时,要在原位再沉管投料一次或在旁边补打一根桩。

② 逐步拔管法。

a. 成桩工艺步骤(见图 3-10)。

(a) 前三步与一次拔管法相同。

(b) 逐步拔管,边振动边拔管,每拔管 50 cm,停止拔管而继续振动,停拔时间 $10 \sim 20$ s,直至将拔管拔出地面。

b. 质量控制。

(a) 通过拔管速度控制桩身的连续性和密实度,不致断桩或缩颈,拔管速度慢,可使砂料有充分时间振密,从而保证桩身的密实度。

(b) 桩的直径应按设计要求数量投加砂料来保证。

③ 重复压拔管法。

a. 成桩工艺步骤(见图 3-11)。

(a) 桩管垂直就位,闭合桩靴。

(b) 将桩管沉入地基土中达到设计深度。

(c) 按设计规定的砂料量向桩管内投入砂料。

(d) 边振动边拔管,拔管高度根据设计确定。

(e) 边振动边向下压管,下压的高度由设计和试验确定。

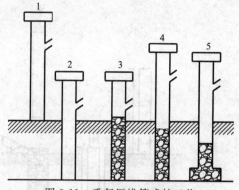

图 3-11　重复压拔管成桩工艺

(f) 停止拔管,继续振动,停拔时间长短按规定要求。

(g) 重复(c)～(f),直至桩管拔出地面。

b. 质量控制。

(a) 通过适当的拔管速度、拔管高度和压管高度来控制桩身的连续性和密实度。

(b) 利用拔管速度和下压桩管的高度控制桩径。拔管时使砂石料充分排出,压管高度较大时则形成的桩径也较大。

(2) 冲击成桩法。

冲击成桩法的主要设备有蒸汽打桩机或柴油打桩机、桩管、加料漏斗和加料设备。

冲击成桩法成桩工艺分为单管成桩法和双管成桩法两种。

① 单管成桩法。

a. 成桩工艺步骤(见图 3-12)。

(a) 桩管垂直就位,下端为活瓣桩靴时则对准桩位,下端为开口的则对准已按桩位埋好的预制钢筋混凝土锥形桩尖。

(b) 启动蒸汽桩锤或柴油桩锤将桩管打入土层至设计深度。

(c) 从加料漏斗向桩管内灌入砂石料。当砂石量较大时,可分两次灌入,第一次灌总料的 2/3 或灌满桩管,然后上拔桩管,当能容纳剩余的砂石料时,再第二次加够所需砂石料。

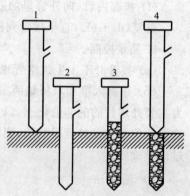

图 3-12　单管冲击成桩工艺

(d) 按规定的拔管速度,将桩管拔出。

b. 质量控制。

(a) 桩身的连续性用拔管速度来控制。拔管速度根据试验确定。一般土质条件下,拔管速度为 1.5～3.0 m/min。

(b) 用灌砂石量来控制桩的直径。灌砂石量没有达到要求时,可在原位沉入桩管投料(复打)一次,或在旁边沉管投料补打一根桩。

② 双管成桩法。

a. 成桩工艺步骤(见图 3-13)。

(a) 桩管垂直就位。

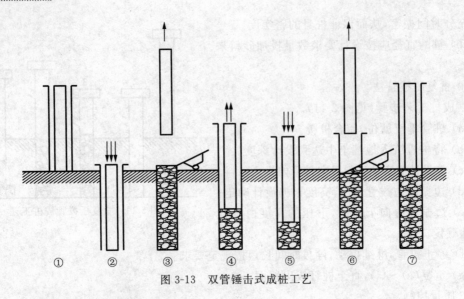

图 3-13　双管锤击式成桩工艺

（b）启动蒸汽桩锤或柴油桩锤，将内、外管同时打入土层中至设计规定深度。

（c）拔起内管至一定高度不致堵住外管上的投料口，打开投料口门，将砂石料装入外管里。

（d）关闭投料口门，放下内管压在外管内的砂石料面上，拔起外管，使外管上端与内管和桩锤接触。

（e）启动桩锤，锤击内、外管将砂石料压实。桩底第一次投料较少，只是桩身每次投料的 1/2，然后锤击压实，这一段叫"座底"，"座底"可以保证桩长和桩底的密实度。

（f）拔起内管，向外管里加砂石料。

重复（d）～（f），直至拔管到桩顶。

b. 质量控制。

（a）拔管时不发生拔空管现象即可避免断桩。

（b）用贯入度和填料量两项指标双重控制桩的直径和密实度。对于以提高地基承载力为主要处理目的的非液化土，以贯入度控制为主，填料量控制为辅；对于以消除砂土和粉土地震液化为主要处理目的的，则以填料控制为主，以贯入度控制为辅。贯入度和填料量可通过试桩确定。

2）振冲法

利用振动和水冲加固土体的方法称为振冲法。利用振冲法施工时，首先利用振冲器的高频振动和高压水流，边振边冲，将振冲器在地面预定桩位处沉到地基中设计的预定深度，形成桩孔。经过清孔后，向孔内逐段填入碎石，每段填料在振冲器振动作用下振实、密实。然后提升振冲器，再向孔内填入一段碎石，再利用振冲器将其振挤密实。通过重复填料和振密，在地基中形成碎石桩桩体。在振冲置桩过程中同时将桩间土振密挤实。

（1）施工机具及配套设备。

振冲法施工采用的主要机具有以下几部分：起重设备、振冲器系统、供电系统和控制台、供水系统、运料机具等。

① 振冲器及其组成部件。国内常用的振冲器技术参数见表 3-5。施工时应根据地质条

件和设计要求选用。振冲器的工作原理是利用电动机旋转一组偏心块产生一定频率和振幅的水平方向振动力,压力水通过空心竖轴从振冲器下端的喷水口喷出。振冲器的构造见图3-14。

表 3-5　国产振冲器技术参数

项　目	型　号	ZCQ-13	ZCQ-30	ZCQ-55	BL-75
潜水电机	功率/kW	13	30	55	75
	电压/V	380	380	380	—
	电流/A	25.5	6	100	150
振动体	振动频率/(次·min⁻¹)	1 450	1 450	1 450	1 450
	振动力/kN	35	90	200	160
	振幅/mm	2	4.2	5.0	7.0
	振动加速度	4.5g	9.9g	11g	—
振冲器直径/mm		274	351	450	426
全长/mm		2 000	2 150	2 359	3 000
总重量/kN		7.80	9.40	18.00	20.50

a. 电动机。振冲器常在地下水位以下使用,多采用潜水电动机,如果桩长较短(一般小于 8 m),振冲器的贯入深度亦浅,这时可将普通的电动机装在顶端使用。

b. 振冲器。其内部有偏心块和转动轴,用弹性联轴器与电动机连接,振动器两侧翼板主要用来防止振冲器作用时发生扭转,有些振冲器头部亦有翼板起加强防扭作用。

c. 通水管。国内 30 kW 和 55 kW 振冲器通水管穿过潜水电动机转轴及振动器偏心轴。75 kW 振冲器的水通过电动机和振冲器侧壁到达下端。

d. 减振器及导管。减振器的作用是保证振冲器能独立水平振动减少对上部导管的影响。目前,国内大都采用橡胶减振器。导管是用来吊振冲器和保护电缆、水管的。

② 起吊设备。起吊设备是用来操作振冲器的,起吊设备可用汽车吊、履带吊或自行井架式专用平车,有些施工单位还采用扒杆打桩机等。30 kW 的振冲器吊机的起吊力应大于50～100 kN,75 kW 的振冲器起吊力应大于 100～200 kN,即振冲器的总重量乘以一个 5 左右的扩大系数,即可确定起吊设备的起吊力。起吊高度必须大于加固深度。

③ 供水泵。供水泵要求压力为 0.5～1.0 MPa,供水量达

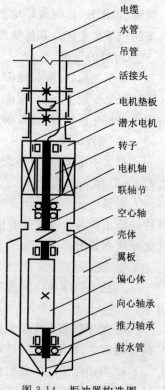

图 3-14　振冲器构造图

$20~\mathrm{m^3/h}$ 左右。每台振冲器配一台水泵,如有数台振冲器同时施工,也可采用集中供水的办法。

④ 填料设备。填料设备常用装载机、柴油小翻斗车或人力车。30 kW 振冲器应配 $0.5~\mathrm{m^3}$ 以上装载机,75 kW 的振冲器配 $1.0~\mathrm{m^3}$ 以上装载机为宜。如填料设备采用柴油小翻斗车或人力车,可根据情况定其数量。

⑤ 电控系统。电控系统除为施工配电,还应具有控制施工质量的功能。若用发电机供电,发电机输出功率应满足振冲施工需要。一台 30 kW 的振冲器施工时需配备 48~60 kW 的柴油发电机一台。如一台发电机驱动一台振冲器时,发电机的输出功率要大于振冲器电机额定功率的 1.5~2.0 倍,振冲器才能正常工作。施工现场应配有 380 V 的工业电源。

⑥ 排浆泵。排浆泵应根据排浆量和排浆距离选用合适的排污泵。

(2) 施工前准备。

① 三通一平。

施工现场的三通一平指的是电通、材料通、水通和平整场地,这是施工顺利进行的前提。

电通是指施工中需要三相和单相两种电源,三相电源的电压为 380 V,主要供振冲器使用。材料通指的是应准备若干个堆料场,且备足填料。水通,一方面要保证施工中所需的水量,另一方面也要把施工中产生的泥水排走。平整场地有两方面内容:一要清理场地和尽可能使场地平整;二要清除地基中的障碍物,如废混凝土土块等。

② 施工场地布置。

施工场地的布置应随具体工程而定。施工之前,对场地中的电路、运输道路、照明设施、料场、供水管、排泥池等均要妥善布置。当有多台施工车同时工作时,应该规划出各台施工车的包干作业区。其他如配电房等也应事先安排好。

③ 桩的定位。

平整场地后,测量地面高程。加固区的地面高程宜为设计桩顶高程以上 1 m。如果这一高程低于地下水位,需配备降水设施或者适当提高地面高程。最后,按桩位设计图在现场用小木桩标出桩位,桩位偏差不得大于 3 cm。

④ 制桩试验。

对大中型工程,应事先选择一试验区,并进行实地制桩试验,以取得各项施工参数。

(3) 施工组织设计。

根据地基处理设计方案,进行施工组织设计,以便明确施工顺序、施工方法,计算出在允许的施工期内所需配备的机具设备,所需的水、电、材料等。排出施工进度计划表并绘出施工平面布置图。

① 施工顺序。

a. 施工顺序可以采用“由里向外”或“从一边到另一边”等方式,如图 3-15(a)和(b)所示。

b. 对于抗剪强度很低的软黏土地基,为减少制桩时对地基土的扰动,宜用“间隔跳打”的方式施工,如图 3-15(c)所示。

c. 当加固区毗邻其他建筑物时,为减少对邻近建筑物的振动影响,宜按图 3-15(d)所示的顺序进行施工。必要时可用振动力较小的振冲器制紧靠建筑物的一排桩。

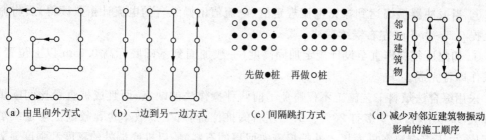

(a) 由里向外方式　(b) 一边到另一边方式　(c) 间隔跳打方式　(d) 减少对邻近建筑物振动
　　　　　　　　　　　　　　　　　　　　　　　　　　　　　　　影响的施工顺序

图 3-15　桩的施工顺序

② 施工方法。

成孔后，接着就要往孔内加填料。常用的加料方式是先把振冲器提出孔口，往孔内倒入约 1 m 高的填料，然后下降振冲器振实填料。

对于较软的土层，宜采用"先护壁，后制桩"的办法施工，即成孔时，不要一下达到设计深度，而先达到软土层上部 1～2 m 范围内，将振冲器提出孔口加一批填料，下降振冲器使这批填料挤入孔壁（把这段孔壁加强以防塌孔），然后使振冲器下降至下一段软土中，用同样方法加料护壁。如此重复进行，直至达到设计深度。孔壁护好后，就可以按常规步骤制桩了。

a. 振冲碎石桩制桩程序。

（a）吊车就位与振冲器定位。

（b）贯入造孔。吊车缓慢下放振冲器，使振冲器在振动水冲中利用自重下沉贯入造孔。贯入造孔水压一般保持在 0.4～0.8 MPa。振冲器工作电流一般不超过电动机额定电流值。振冲器贯入速度一般约为 0.5～2.0 m/min。造孔时每贯入 0.5～1.0 m 宜在该深度悬留振冲 5～10 s 扩孔，待孔内泥水反溢流出后再继续贯入。按此步骤循环操作直到设计规定的成桩深度。为避免对孔底土产生过大扰动，一般贯入到设计深度后留振扩孔 5 s 左右将振冲器向上提 0.3～0.5 m 左右留振，同时宜打开降压水阀，将振冲器供水压力降至 0.1～0.2 MPa 左右。在黏性土造孔，由于黏土难以"液化"破坏，造孔贯入速度应放慢，扩孔时间应延长。

（c）填料和制桩。振冲成孔后应迅速提出振冲器，向振孔内填入石料（0.5 m 左右高，约 0.3 m³），然后将振冲器回入孔内直到孔底进行振捣。捣固时应连续不断地向孔内填入石料。填料应均匀从孔口四周填入，不应将填料仅从一侧填入，造成桩体偏移。填料不宜在孔口堆积过高，以免影响落料和振冲。有时孔口石料停止下落时，可将振冲器提出孔口，再返入孔内将石料送下，回到原振冲位置继续振密，直到振冲器电流值上升到规定数时，才能认为该段制桩振密完毕。然后缓慢提升振动着的振冲器约 0.5～0.8 m 高，继续留振，直至将孔内该段填料振捣密实。如此循环操作直至地面或振冲施工规定标高，碎石桩即告制成。

振冲制桩填料常用三种方法，即连续填料法、间断填料法和综合填料法。这里只简单介绍一下综合填料法。综合填料法的施工顺序如图 3-16 所示，其操作步骤如下：

ⓐ 振冲器对准桩位；

ⓑ 喷水并启动振冲器激振向地下贯入，每贯入 0.4～0.6 m，保持悬留振冲 5～20 s，以便扩大振冲孔径，然后再向下段贯入和扩孔直至预定深度；

ⓒ 将振冲器提出孔口，向振孔内倒入石料（约 0.6 m 高度）；

ⓓ 将振冲器复入孔内，把石料振动压入桩底土中振实，同时连续不断地向振孔内填入石料；

ⓔ 当振冲器振捣达到振密电流规定值(电流值由操纵台的电流计指数读得)后将振冲器上提 0.5~0.8 m 左右继续振冲;

ⓕ 如此反复操作直至设计规定加固高度(一般加固到基础底标高 0.5 m 以上位置)成桩操作即告完成。

采用综合法填料工艺施工不仅避免了前两种操作法的缺点,而且成桩直径比间断填料法要大 20%左右,还要多打 20%~30%左右的桩位,同时生产效率也比较高。与连续填料法相比,由于综合法在桩底压入并振捣密实回填的石料,所以桩底端处的密度和强度显著提高,这不仅改善了石料桩和地基土的受力性能,而且对采用浅桩加固的地基更为重要。

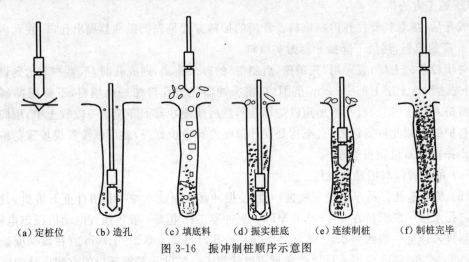

(a)定桩位　　(b)造孔　　(c)填底料　　(d)振实桩底　　(e)连续制桩　　(f)制桩完毕

图 3-16　振冲制桩顺序示意图

b. 不外加填料的振冲加密。

对于深厚松散的中、粗砂地基,当砂中含黏粒数量很好,对地基加固后的承载力和沉降变形要求不太高时,为了取得更好的经济效果可以采用不外加填料,只利用砂基饱和振动加密条件来进行就地振实的振冲施工加密方法。在深厚松散的中、粗砂地基中,施工时振冲器贯入振冲需要比一般地基振冲加大冲水量,并宜快速贯入,到预定设计加密深度后,即减小水压在孔底不停振冲,利用振冲器的强力振动和喷水使孔内振冲器周围和上部砂土逐渐塌落沉到振冲器附近并被振冲致密。每段振冲加密达到加密电流值后,上提一次振冲器,每次上提 0.3~0.5 m 继续不停振冲。按此顺序由下至上逐段振密直至设计规定标高,即认为该点位加密完毕。加密后由于砂的振实塌陷形成地面凹坑,大面积振冲加密后,地面呈现振后整片下沉。振冲加密的方法也能获得良好的加固效果。用理论推算,假定砂粒为弹性球体,当饱和砂土松散排列类似简单立方体式堆积时,其孔隙比为 0.91,如果在振动作用下小球发生位移排列成紧密状态的六角形堆积时,其孔隙比减为 0.35,可使土层的厚度沉陷 29.3%。

③ 施工质量控制。

一般通过振冲填料量、孔内留振时间、振密电流来控制施工质量。三项参数常根据现场地质情况和施工要求来掌握。

a. 填料量。

制桩每孔填料量是反映加密效果的重要控制指标,现场常以每孔累计填料消耗量来辅助衡量该孔的加密程度。每孔填入量与原地基密实度、振冲器振动强度、要求加密指标以及填料的种类等因素都有直接关系,宜现场试验后确定。

b. 留振时间。

振冲器在每一段制桩高度有一段留振时间,即振动器不升起也不下降,保持继续振动和水冲,使振冲器把振孔扩大或把周围填料充分挤密。回填石料地基土质条件较好时,留振时间一般较短;地基软弱或利用砂土自身振密不外加填料时留振时间较长。

c. 振密电流。

振冲器贯入土中,成孔后振冲器就在振孔泥浆介质中振动。向振孔内不断加入石料相当于介质浓度增加。振冲器不断把石料振挤入周围土中,使地基土得到增密。周围被振挤的土越密实则振冲器受到阻碍维持振动的约束力越大,电流指数值也越大。因此可以根据振冲器耗用的电流量值的变化大小来判断地基加密的程度。

填料量、留振时间、振密电流三项因素是相辅相成、互为补充的控制条件,施工时应因地制宜地确定。

3.2.5 效果检验

砂桩处理效果的检验方法主要有静力触探试验、标准贯入试验、动力触探试验、室内土工试验、载荷试验和波速试验等。

1) 静力触探和标准贯入试验

施工质量的检验,对桩体可采用重型动力触探试验;对桩间土可采用标准贯入、静力触探、动力触探或其他原位测试等方法;对消除液化的地基检验应采用标准贯入试验。桩间土质量检测应在等边三角形或正方形的中心进行。检验深度不应小于处理地基的深度,检测数量不应少于桩孔数的 2%。

2) 室内土工试验

通过地基处理前、后桩间土的物理力学性质指标的变化来验证处理的效果。试验项目有含水量、重度、孔隙比、压缩模量和抗剪强度指标值等。

3) 载荷试验

载荷试验类型有单桩复合地基载荷试验和多桩复合地基载荷试验两种。

单桩复合地基载荷试验、多桩复合地基载荷试验还可以与相同尺寸压板的天然地基载荷试验进行对比。

由于制桩过程对地基土的扰动,其强度暂时有所降低,对饱和土还产生较高的超孔隙水压力。因此,制桩结束后要静置一段时间使强度恢复,超孔隙水压力消散以后进行载荷试验。对黏性土恢复期在 21 d 以上,对粉土恢复期在 14 d 以上,对砂土和杂填土恢复期在 7 d 以上。

试验点数量不少于 3 个。

当没有大型复合地基载荷试验条件时,可以利用单桩载荷试验或桩间土载荷试验所得的承载力值计算复合地基承载力值。

4) 波速试验

通过测定土的波速确定土的动弹性模量和动剪切模量。通过测定地基处理前、后波速的变化来判断处理的效果。

5）其他专门测试

对重要工程，为了给设计、施工或研究提供可靠数据，还要进行一些专门的测试。针对不同目的，分别有超孔隙水压力、复合地基应力分布和桩土应力比测试等。

3.2.6 工程实例

山西某财政厅办公大楼工程砂桩地基。

1）工程概况

大楼总建筑面积为 5 480 m²。七层部分屋顶标高为 28.2 m，长为 15.9 m，宽为 14.5 m；六层部分屋顶标高为 23.1 m，长为 45.5 m，宽为 13.2 m。设计采用钢筋混凝土片筏基础。

2）地基条件

地基主要是由冲积、洪积成因的饱和粉质黏土和粉细砂组成。第一层粉质黏土深度从 -1.20 m 到 -3.20 m，第二层粉质黏土深度从 -6.40 m 到 -9.00 m。第一层粉细砂深度从 -3.20 m 到 -6.40 m，第二层粉细砂深度从 -9.00 m 到 -16.00 m。粉细砂标贯值 $N=2\sim7$，相对密度 $D_r=0.35\sim0.45$。粉细砂物理性质指标列于表 3-6 中。

表 3-6 粉细砂物理性质指标

项目 土层名称	颗粒组成/%							有效粒径 d_{10} /mm	平均粒径 d_{50} /mm	不均匀系数 Cu
	$4\sim10$ mm	$2\sim4$ mm	$1\sim2$ mm	$0.5\sim1$ mm	$0.25\sim$ 0.5 mm	$0.1\sim$ 0.25 mm	$0.05\sim$ 0.1 mm			
细 砂	1	1	$1\sim2$	$2\sim10$	$23\sim24$	$37\sim51$.	$21\sim25$	$0.042\sim$ 0.076	$0.17\sim$ 0.20	$2.7\sim$ 4.9
粉 砂	1	1	1	2	4	51	40	0.033	0.11	3.3

根据标贯值、平均粒径、不均匀系数、相对密度和有效覆盖压力判断，第一层粉细砂层在 8 度地震烈度下属于可液化层，因此，采用振密砂桩处理地基。

3）砂桩设计

砂桩直径为 350 mm，桩距为 1.15 m，按梅花形布置。桩长为 7.8 m，穿透可液化粉细砂层，伸入较稳定的粉质黏土层内约 1.4 m，砂桩设计总数为 837 根。

设计要求砂桩和桩间砂土处理后的相对密度 $D_r \geqslant 0.7$，标贯值 $N \geqslant 10$。砂桩和砂垫层覆盖的地基面积为 1 287 m²。边桩伸出边轴线 2.75 m，距基础外边线 2 m。砂垫层厚度为 30 cm。

4）砂桩施工

砂桩采用逐步拔管成桩法施工。材料为含卵石的饱和中粗砂。

成桩工艺为：每次拔起桩管高度 0.5 m，停拔续振 20 s。

施工顺序为：先施工周边桩，后施工第三排桩，再隔行施工第二排桩，以此类推。

按上述顺序施工到后阶段时由于下沉桩管困难,便将桩距增大到 2.1 m(6d,d 为桩的直径)。施工结束后通过测试证实,增大桩距后仍能满足设计要求。由于在施工后阶段增大桩距,所以实际上成桩总数为 600 根,比设计的桩总数少 237 根。

在施工过程中由于不断振动的影响,实际上成桩直径约为 400 mm,比设计的桩直径大 50 mm。

5) 技术经济效果

全部砂桩施工完毕后,在场地中部和东部区域内进行了桩间土挤密效果测试,测得的标贯值和相对密度值列入表 3-7 中。由表可见,桩间砂土标贯值 N 和相对密度值 D_r 均已满足设计要求。

砂桩方案与钢筋混凝土桩方案比较,在造价方面前者约为后者的 1/10;在施工速度方面,前者约为后者的 1/2。

全部工程施工完毕后进行了 10 个月的沉降观测,最大沉降量为 23 mm,最小沉降量为 11 mm,平均沉降量为 16.7 mm。

表 3-7　桩间土标贯值和相对密度值

深度/m	标贯值 N	相对密度 D_r
3.00	8	0.69
3.60	14	0.75
4.00	15	0.77
6.50	18	0.78
6.70	18	—
最小~最大	8~18	0.69~0.78

3.3　石灰桩

3.3.1　概　述

石灰是古老的传统建筑材料,石灰的生产在我国有 4000 余年的历史,产地遍布全国。

石灰作为建筑物基础垫层材料以及石灰稳定土的技术在我国历史久远,传统观念认为石灰为气硬性材料,在水下不能硬化,因此,直至 20 世纪五六十年代,我国西北地区开发的灰土桩,也仅限于地下水位以上使用。20 世纪 50 年代初,天津大学范恩锟教授对生石灰桩的开创性研究,以及 20 世纪 60 年代瑞典布鲁姆斯教授对深层搅拌生石灰柱的研究和应用,解决了石灰桩不能用于地下水位以下的软土处理问题。目前这种类型的桩大体有以下三种。

1) 灰土(渣)挤密桩

灰土挤密桩以消石灰和土(或粉煤灰、炉渣等)为桩体材料,成孔夯实并挤密桩周土形成复合地基,灰土桩的特点是使用消石灰,仅适用于地下水位以上的土层,可处理地基的厚度宜为 3～15 m,具有地区性。

2) 石灰柱(深层搅拌或粉喷)

20 世纪 60 年代石灰柱首先在瑞典研究成功,70 年代投入使用,此技术以生石灰粉作为主要加固料,通过专用的施工机械,用压缩空气将粉状加固料喷入地基内,并与原位土体实现强制搅拌,从而使软土固结成具有整体性、水稳定性和一定强度的石灰土柱。80 年代后期,我国铁道部第四设计院研究成功,并开始少量应用,现以水泥作为主加固料的深层搅拌应用较多。

3) 石灰桩

石灰桩的试验研究长期以来处于"百家争鸣"的状态,加上少数工程出现事故,石灰桩在我国的发展经历了较其他地基处理工艺更多的波折和困难,甚至连石灰桩的定名亦很混乱,诸如两灰桩、灰渣桩、生石灰挤密桩等等,有的和灰土桩相混淆。

石灰桩法主要适用于以饱和黏性土、素填土、淤泥、淤泥质土和杂填土等为主的地基。特别适用于新填土和淤泥的加固,由于生石灰吸水膨胀的特性,吸水后可使淤泥产生自重固结。石灰桩强度形成后与桩间的土结合为一体,使桩间土的欠固结状态消失。当用于地下水位以上时,应该增加掺合料的含水量同时减少生石灰的用量。

3.3.2　加固机理

采用石灰桩法加固地基的机理主要有下述几个方面。

1) 化学加固效应

(1) 桩体材料的胶凝反应。

活性掺和料与生石灰在特定条件下的反应是很复杂的,$Ca(OH)_2$ 与活性掺和料中的 SiO_2,Al_2O_3 反应生成硅酸钙及铝酸钙水化物。这些盐类不溶于水,在含水量很高的土中也可以硬化。

(2) 石灰与桩周土的化学反应。

生石灰熟化中的吸水、膨胀、发热等物理效应是在短期内完成的,一般约 4 个星期趋于稳定,称之为速效效应。这是石灰桩能迅速取得改良软土效果的原因。化学反应进行得很缓慢。成为胶结剂后,土的强度就显著提高,而且,这个强度随时间延续而增大,具有长期稳定性,这是石灰桩周不厚的环形内土体强度很高的另一原因。

2) 物理加固效应

(1) 置换作用。

石灰桩是作为纵向增强体和天然地基土体(基体)组成复合地基的。石灰桩和天然土共同工作,刚度较大的石灰桩体受到大的应力作用,从而分担了 30% 以上的荷载(正常置换率下)。这种所谓置换作用不同于局部的换填,它的实质是桩体作用的发挥,在复合地基承载特性中起重要的作用。

(2) 成桩中挤密桩间土。

成桩中挤密桩间土主要发生在不排土成桩工艺中。同为不排土工艺,静压、振动、击入成孔和成桩夯实桩料的情况不同,桩径和桩距不同,对土的挤密效果也不同。挤密效果还与土质、上覆压力及地下水状况有密切关系。

在复合地基中,桩间土要直接承受荷载,对挤密效应的研究更加重要。研究和工程实践结果说明,对于灵敏度高的饱和软黏土(包括淤泥质土),成桩中不仅不能挤密桩间土,而且还破坏了土的结构,强度下降。由上可知作为浅层加固的石灰桩,由于被加固土层的上覆压力不大,且有隆起现象,挤土成桩过程中的挤密效应不大,对于一般黏性土、粉土,可考虑1.1左右的承载力提高系数,而杂填土和含水量适当的素填土,可根据具体情况(桩距/施工工艺)考虑1.2左右的提高系数,对饱和的软黏土则不考虑。

（3）生石灰吸水膨胀挤密桩间土。

生石灰吸水后生成熟石灰,理论体积将增大1倍。石灰桩由于土的不同约束以及桩体材料的质量、配比、密实度不同,体胀率也不同。一般情况下,有掺和料的桩体膨胀系数为1.2～1.4。

（4）桩和地基土的高温效应。

生石灰水化生成熟石灰,放出热量。高温引起土中水分的蒸发,对减少土的含水量、促进桩周土的脱水起积极作用。

（5）排水固结作用。

由于桩体采用渗透性较好的掺合料,在不同配合比时,测得的渗透系数在 4.07×10^{-3}～6.13×10^{-3} cm/s 之间,相当于粉细砂,它较一般黏性土的渗透系数大 10～100 倍,证明石灰桩体排水作用良好。经测定,石灰桩体具有 1.3～1.7 的大孔隙比且组成颗粒大,从另一侧面证明了桩体具有大的渗透性。

（6）加固层的减载作用。

由于石灰的密度为 0.8 g/cm³,掺和料的干密度为 0.6～0.8 g/cm³,显著小于土的密度,即使桩体饱和后,其密度也小于土的天然密度。石灰桩的桩数较多,当采用排土成桩时,加固层的自重减轻。如果桩有一定长度,作用在桩底平面的自重应力减少,即可减少桩底下卧层顶面的附加压力,如果下卧层强度低,这种减载将有一定的作用。

当采用不排土成孔时,对于杂填土、砂类土等,由于成孔挤密了桩间土,加固层的重量变化不大。对于饱和软黏土,成孔时土体将隆起或侧向挤出,加固层的减载作用仍可考虑。

3.3.3　设计计算

石灰桩加固地基设计主要包括:填料的选用、桩孔直径选用、桩位布置和桩距设计、桩长设计、布桩范围的确定等。设计时应根据复合地基承载力、下卧层承载力以及控制沉降变形大小的要求综合确定。

1）填料的选用

填料主要选用生石灰,根据需要也可在生石灰中掺加粉煤灰、矿渣、水泥等掺加料,其掺合比应通过试验确定,粒径一般为 50 mm 以下,含粉量不超过总质量的 20%。生石灰和掺合料的体积比可选用1:1或者1:2;对于软黏土应当增加石灰用量。

2）桩孔直径的选用

桩孔直径应根据工程地质条件、设计要求和采用的施工方法和机具确定,一般选用

$\phi(300\sim600)$mm。

3）桩位布置和桩间距设计

从石灰桩的加固机理来看，一般采用"细而密"的布置方案比较好。根据设计要求，桩位布置一般选用等边三角形布置，有时也可采用正方形或矩形布置。桩间距一般选用桩孔直径的 2～3 倍，具体尺寸可根据复合地基承载力公式计算。复合地基极限承载力表达式为：

$$p_{cf} = mp_{pf} + \lambda(1 - mp_{sf}) \tag{3-47}$$

式中　p_{cf}——复合地基极限承载力，kPa；

　　　p_{pf}——石灰桩极限承载力，由现场试验确定选用值，kPa；

　　　λ——桩间土强度发挥度；

　　　p_{sf}——桩间土极限承载力，由试验确定选用值，kPa。

对等边三角形布置，复合地基置换率 m 的表达式为：

$$m = 0.9069\frac{d^2}{S^2} \tag{3-48}$$

式中　S——桩孔中心距，m；

　　　d——桩孔直径，m。

结合式（3-47）和式（3-48）可得等边三角形布置桩孔中心距 S，其表达式为：

$$S = 0.95d\sqrt{\frac{p_{pf} - \lambda p_{sf}}{p_{cf} - \lambda p_{sf}}} \tag{3-49}$$

类似，可得正方形布置桩孔中心距 S，其表达式为：

$$S = 0.886d\sqrt{\frac{p_{pf} - \lambda p_{sf}}{p_{cf} - \lambda p_{sf}}} \tag{3-50}$$

对矩形布置也可采用类似算法。

桩间土的强度在石灰桩复合地基中与其距石灰桩桩体距离有关。由于桩体的物理化学作用引起桩间土强度的提高减弱，随着到桩周距离增大，桩间土强度降低。式（3-47）中桩间土承载力值应考虑这一情况，在工程实用上可取平均值。若 p_{sf} 值取地基处理前天然地基承载力值，设计是偏安全的。如何评价桩间土强度，合理选用桩间土承载力值，还没有明确的方法。

4）桩长设计

石灰桩是一种柔性桩，其有效长度比别的桩体胶结程度更好，当其长度大于有效长度时，再加长桩长对提高承载力作用甚微，所以石灰桩不宜过长。

（1）若需加固的软弱土层不厚，可考虑加固至软弱土层底面，也就是石灰桩穿透软弱土层。

（2）若软弱土层较厚，则应根据下卧层承载力要求和沉降控制确定加固深度。加固区下卧层承载力要求可用下式表示：

$$p_z + p_{cz} \leqslant f_z \tag{3-51}$$

式中　p_z——加固区下卧层顶面处附加压力，kPa；

　　　p_{cz}——加固区下卧层顶面处自重应力，kPa；

　　　f_z——加固区下卧层顶面经深度修正后的承载力，kPa。

按建筑物沉降量确定加固深度,可通过试算确定石灰桩桩长。沉降按复合地基沉降计算方法计算。加固区复合地基压缩模量 E_c 可采用下式计算:

$$E_c = mE_p + (1-m)E_s \tag{3-52}$$

式中　m——复合地基置换率,%;

　　　E_p——石灰桩桩体压缩模量,MPa;

　　　E_s——桩间土压缩模量,MPa。

石灰桩桩长还取决于施工机具及施工工艺水平,一般小于 8 m。

5)布桩范围的确定

石灰桩加固范围宜大于基础宽度,当大面积满堂布桩时,一般在基础外缘增布 1~2 排石灰桩。

6)石灰桩桩顶要求

石灰桩桩顶宜留 500 mm 以上的高度,并用含水率适当的黏性土封口,之后必须夯实,封口后的标高应略高于地面。桩顶的施工标高应至少高出桩顶设计标高 100 mm。

3.3.4　施工方法

1)管外投料法

石灰桩体中含大量掺和料,掺和料不可避免地有一定含水量,当掺和料与生石灰拌和后,生石灰和掺和料中的水分迅速发生反应,生石灰体积膨胀,极易发生堵管现象。

管外投料法避免了堵管,可以利用现有的混凝土灌注桩机施工。但在软土中成孔时容易发生塌孔或缩孔现象,且孔深不宜超过 6 m。桩径和桩长的保证率相对较低。

(1)施工方法。

采用打入、振入、压入的灌注桩机均可施工。桩管采用 200~325 mm 无缝钢管。为防止拔管时孔内负压进入造成塌孔,采用活动式桩尖,拔管时桩尖靠自重落下,空气由桩管进入孔内,避免负压。

桩尖角度一般为 45°,60°,90°,土质较硬时用小值。

工艺流程为:桩机定位→沉管→提管→填料→压实→再提管→再填料→再压实,这样反复几次,最后填土封口压实,一根桩即告完成。

(2)施工控制。

① 灌料量控制。影响灌料量的因素很多,如桩周土强度、压实次数、设计桩径、桩管直径等。控制灌料量的目的是保证桩径、桩长和桩体密实度。

确定灌料量时,首先根据设计桩径计算每延米桩料体积,然后将计算值乘以 1.4 的系数作为每米灌料量。由于掺和料含水量变化很大,在工地宜采用体积控制。

② 打桩顺序。应尽量采用封闭式,即从外圈向内圈施工。桩机宜采用前进式,即刚打完的桩处于桩机下方,以机身重量增加覆盖压力,减少地面隆起量。

为避免生石灰膨胀引起邻近孔塌孔,宜间隔施打。

③ 技术安全措施。生石灰与掺和料拌和不宜过早,随灌随拌,以免生石灰遇水膨胀影响质量。

孔口土封顶宜用含水量适中的土,封口高度不宜小于 0.5 m,孔口封土标高应高于地面,防止早期地表水浸泡桩顶。

大块生石灰必须破碎,粒径不大于 10 cm。生石灰在现场露天堆放时间视空气湿度及堆放条件确定,一般不长于 2～3 d。

桩顶应高出基底标高 10 cm 左右。

2)管内投料法

管内投料法适用于地下水位较高的软土地区。管内投料施工工艺与振动沉管灌注桩的工艺类似。工艺流程为:桩机定位→沉管→灌料→拔管→成桩→反压→封口压实。

3)挖孔投料法

利用特制的洛阳铲人工挖孔、投料夯实,是广泛应用的一种施工方法。由于洛阳铲在切土、取土过程中对周围土体的扰动很小,在软土甚至淤泥中可保持孔壁稳定。

这种简易的施工方法避免了振动和噪声,能在极狭窄的场地和室内作业,造价低,工期短,质量可靠。因此,适用的范围较大。挖孔投料法主要受深度的限制,一般情况下桩长不宜超过 6 m。在地下水位下的砂类土及塑性指数小于 8 的粉土中则难以成孔。

工艺流程为:定位→钢钎或铁锹开口(深度 50 cm 左右)→人工洛阳铲成孔→孔内抽水→孔口拌和桩料→下料→夯击→再下料→再夯实→封口填土夯实。

3.3.5 效果检验

石灰桩施工质量的好坏直接关系到工程的成败,因此做好施工质量控制和效果检验工作尤为重要。

1)施工质量控制

施工质量控制的主要内容包括:桩点位置、灌料质量、桩身密实度等,其中以灌料质量和桩身密实度检验为重点。

桩身密实度检验可采用轻便触探、取样试验进行。

2)效果检验

通过加固前后土的物理力学性质试验和现场试验来判断其加固效果。

室内试验的项目主要有:桩身无侧限抗压强度、桩身抗剪强度、含水量,桩间土加固前后土的常规物理、力学性质指标。

现场试验项目包括:十字板剪切试验、轻便触探试验、静力触探试验、载荷试验等。具体采用哪项或哪几项试验,应视工程具体情况而定。

对于重要工程和尚无石灰桩加固经验的地区,宜采用多种试验方法,综合判断加固效果。

3.3.6 工程实例

1)工程概况和地质条件

某六层住宅楼,位于武汉汉口韦桑路。建筑物体形复杂,基础挑出 2 m,偏心严重。该住宅楼荷载分布差异大,地基土层又很不均匀,再加上邻近原有一幢六层住宅楼的影响,采用天然地基估计会产生较大的不均匀沉降,将对建筑物造成危害。为此,决定采用石灰桩

（石灰粉煤灰桩）复合地基处理，要求复合地基承载力达到 160 kPa，复合地基加固区压缩模量大于 8.0 MPa。

建筑场地位于长江冲积一级阶地，地势平坦，地基土层很不均匀。各土层情况及物理力学指标如表 3-8 所示。地下水属潜水型，静止水位为 1.1～1.3 m。

表 3-8　武汉汉口某住宅楼场地土质情况表

土层号	土层名	层厚 /m	土层描述	含水量 $\omega/\%$	天然重度 γ /(kN·m^{-3})	孔隙比 e	饱和度 $S_r/\%$	塑性指数 I_p	液性指数 I_L	压缩模量 E_s/MPa	静探比贯入阻力 P_s /kPa	承载力标准值 f_k/kPa
1	人工填土	1.0 ～ 2.7	由建筑垃圾和生活垃圾组成，成分复杂，分布不匀，部分地段有 0.6 m 厚淤泥	—	—	—	—	—	—	—	—	—
2-1	黏土	0.7 ～ 1.5	黄褐色，可塑—软塑状，含少量铁质结核和植物根，中等偏高压缩性	34.8	18.4	1.01	94	18	0.76	4.7	1 000	120
2-2	淤泥质粉质黏土	1.9 ～ 3.1	褐灰色，软—流塑状，含贝壳和云母片，局部夹粉土薄层，高压缩性	37.4	18.3	1.05	98	15	1.24	3.2	600	80
2-3	黏土		黄褐色，可塑状态，含高岭土条纹和氧化铁，夹软塑状粉土薄层	35	18.4	1.02	97	24	0.57	6.5	1 500	100
2-4	黏土		褐灰色，软塑状态，含云母片，局部夹有薄层状可塑黏土，或流塑状淤泥黏土及粉土	—	—	—	—	—	—	—	1 100	—
3-1	粉土		夹粉砂，稍密状态	—	—	—	—	—	—	—	—	—
3-2	粉砂		稍密状态	—	—	—	—	—	—	—	—	—

2) 设计计算

(1) 设计方案。

采用 300 mm 直径石灰粉煤灰二灰桩,桩长 4.0~6.0 m。其中基础挑出部分荷载较大,又紧靠原有建筑物,因此该部分二灰桩桩长加长到 6.0 m,桩端进入 2~3 黏土层。整幢建筑物布桩 887 根,桩中心距在 550~800 mm 之间。设计复合地基置换率 m 采用 25%,荷载偏心处置换率 m 采用 30%。

(2) 复合地基承载力计算。

由复合地基承载力标准值 $f_{sp,k}$ 计算式,可得到置换率计算式如下:

$$m' = \frac{f_{sp,k} - f_{sk}}{f_{pk} - f_{sk}} = \frac{160 - 80}{400 - 80} = 0.25$$

由复合地基置换率可计算布桩数

$$k = \frac{m' A}{A_0} = \frac{0.25 \times 250}{0.070\ 7} = 884 \text{(根)}$$

式中　A——基础面积,m^2;

　　　A_0——一根石灰桩的面积,此处未按膨胀直径计算,偏于安全,m^2;

　　　f_{sk}——基础土体承载力标准值,kPa;

　　　f_{pk}——桩身承载力标准值,采用武汉地区经验值,kPa。

实际布桩数为 887 根。

3) 施工方法

采用洛阳铲人工成孔,至设计深度后抽干孔中水,将生石灰与粉煤灰按 1:1.5 体积比拌和均匀,分段填入孔内并分层夯实。每段填料长度 30~50 cm,桩顶 30 cm 用黏土夯实封顶。

施工次序遵循从外向内的原则,先施工外围桩。局部孔位水量太大难以抽干时,则先灌入少量水泥,再夯填生石灰粉煤灰混合料。

4) 质量检验

(1) 桩身质量检验。

采用静力触探试验,取桩身 10 个点,试验结果表明桩体强度较高。

(2) 桩间土加固效果检验。

取桩间土 10 个点做静力触探试验,结果表明桩间土承载力约提高 10%。

根据以上两种检验结果,推得复合地基承载力标准值 $f_{sp,k}$ 为 161 kPa,加固区复合压缩模量 E_{sp} 为 8.2 MPa。

5) 技术经济效果

住宅楼竣工后两个月,最大沉降 5.3 cm,最小沉降 3.1 cm,最大不均匀沉降值为 2%。预计最终沉降量可控制在 10 cm 以内。与原设计采用 90 根 ϕ600 mm、长 16~18 m 的钻孔灌注桩方案相比,节约 70% 的造价,经济效益明显,并解决了场地狭窄原方案实施困难并有泥水污染的问题。

3.4 水泥粉煤灰碎石桩

3.4.1 概　述

水泥粉煤灰碎石桩(cement fly-ash gravel pile)简称 CFG 桩,是在碎石桩基础上加入适量石屑、粉煤灰和水泥,加水拌和制成的一种具有一定黏结强度的桩,它们各自成分含量的多少对桩体料的强度、和易性都有很大影响,通过配比及其力学性能试验确定。CFG 桩与周围地基土体形成复合地基。它比一般碎石桩复合地基的承载力高、变形量小。

水泥的掺量对桩体的强度和变形性状影响很大。水泥掺量较少时,桩体强度较低,接近散体材料桩的变形性状;水泥掺量较高时,桩体具有刚性桩的性状。

粉煤灰是燃煤电厂排出的一种工业废料。由于煤种、煤粉细度以及燃烧条件的不同,粉煤灰的化学成分有较大的波动,其主要化学成分有 SiO_2,Al_2O_3,Fe_2O_3,CaO 和 MgO 等。

粉煤灰的粒度组成是影响粉煤灰质量的主要指标,由于球形颗粒在水泥浆体中起润滑作用,所以粉煤灰中如果圆滑的球形颗粒占多数,就具有需水量小、活性高的特点。一般粉煤灰越细,球形颗粒越多,水化及接触界面增加,容易发挥粉煤灰的活性。粉煤灰中未燃尽煤的含量用烧失量表示。烧失量过大说明燃烧不充分,粉煤灰的质量不佳。含炭量大的粉煤灰在混合料中往往增加需水量,从而大大降低强度。

用湿法排灰所得的粉煤灰称为湿排灰,由于部分活性组成先行水化,所以其活性也较干排灰低。

可见,不同火力发电厂收集的粉煤灰,由于原煤种类、燃烧条件、粉煤细度、收集方式的不同,其活性有较大的差异,对混合料的强度有较大的影响。

CFG 桩的骨料为级配碎石。粒径通常为 20～50 mm,掺入石屑是为了填充碎石的孔隙,使其级配良好,石屑粒径通常为 2.5～10 mm。接触比表面积增大,提高了桩体抗剪强度。

水泥一般采用 32.5 矿渣硅酸盐水泥。混合料的密度一般为 2.10～2.20 t/m³。

CFG 桩适用于黏性土、淤泥、淤泥质土、粉土、砂性土、杂填土及湿陷性黄土地基中以提高地基承载力和减少地基变形为主要目的的地基处理。若以消除液化为主要目的,采用CFG 桩则不是很经济。同时,CFG 桩复合地基属于刚性桩复合地基,其优点是大幅度提高承载力、减小地基变形,因此可以用于多种基础形式,比如筏板基础、箱形基础、独立基础、条形基础等。

3.4.2 加固机理

CFG 桩加固软弱地基,桩和桩间土一起通过褥垫层形成 CFG 桩复合地基。其加固软弱地基主要有三种作用:① 桩体作用;② 挤密作用;③ 褥垫层作用。

1) 桩体作用

CFG 桩不同于碎石桩,它是具有一定黏结强度的混合料。在荷载作用下,CFG 桩的压缩性明显比其周围软土小,因此基础传给复合地基的附加应力随地基的变形逐渐集中到桩体,出现应力集中现象,复合地基的 CFG 桩起到了桩体作用。据南京造纸厂复合地基载荷试验结果,在无垫层情况下,CFG 桩单桩复合地基的桩体应力比 $n=24.3\sim29.4$;四桩复合地基桩土应力比 $n=31.4\sim35.2$;碎石桩复合地基的桩土应力比 $n=2.2\sim2.4$。可见 CFG 桩复合地基的桩土应力比明显大于碎石桩复合地基的桩土应力比,亦即其桩体作用显著。

2)挤密作用

CFG 桩采用振动沉管法施工,振动和挤压作用使桩间土得到挤密。南京造纸厂轻涂胶印纸车间地基采用 CFG 桩加固,加固前、后取土进行物理力学指标试验,由表 3-9 可见,经加固后地基土的含水量、孔隙比、压缩系数均有所减小;重度、压缩模量均有所增加,说明经加固后桩间土已挤密。

表 3-9　加固前后土的物理力学指标对比

类　别	土层名称	含水量 ω /%	重度 /(kN·m⁻³)	干密度 /(t·m⁻³)	孔隙比	压缩系数 /MPa⁻¹	压缩模量 /MPa
加固前	淤泥质粉质黏土	41.8	17.8	1.25	1.18	0.80	3.00
	淤泥质黏土	37.4	18.1	1.32	1.07	0.37	4.00
加固后	淤泥质粉质黏土	36.0	18.4	1.35	1.01	0.60	4.11
	淤泥质黏土	25.0	19.8	1.58	0.71	0.18	9.27

3)褥垫层作用

(1)保证桩土共同承担荷载。

若基础下面不设置褥垫层,基础直接与桩和桩间土接触,在竖向荷载作用下其承载力特性基本差不多。在给定荷载作用下,桩承受较多的荷载,随着时间的推移,桩发生一定的沉降,荷载逐渐向土体转移。其时程曲线的特点是:土承担的荷载随时间增加逐渐增加,桩承担的荷载随时间增加逐渐减小。

如果桩端落在坚硬土层或岩石上,桩的沉降很小,桩上的荷载向土上转移量很小,桩间土承载力很少发挥。

如果在基础下设置一定厚度的褥垫层,情况就不同了,即使桩端落在好的土层上,也能保证一部分荷载通过褥垫作用在桩间土上,借助褥垫的调整作用使给定荷载作用下桩、土受力时程曲线均为常值。

(2)调整桩土荷载分担比。

复合地基桩、土的荷载分担可用桩土应力比 n 表示,也可用桩土荷载分担比 δ_p,δ_s 表示。

当褥垫层厚度 $\Delta H=0$ 时,桩土应力比很大,如图 3-17(a)所示。在软土中,桩、土应力比 n 可以超过 100,桩分担的荷载相当大。当 ΔH 很大时,桩土应力比接近 1。此时桩的荷载分担很小,并有 $\delta_p=m$,如图 3-17(b)所示。

表 3-10 给出了在不同荷载水平、不同褥垫层厚度的情况下,桩承担的荷载占总荷载的百分比 δ_p 的变化情况,可以看到,桩、土荷载分担与褥垫层厚度密切相关。荷载一定时,褥垫越厚,土承担的荷载越多。荷载水平越高,桩承担的荷载占总荷载的百分比越大。

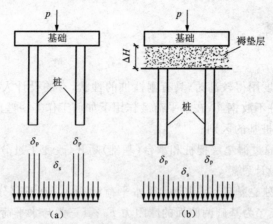

图 3-17　桩土应力比随褥垫层厚度的变化示意图

表 3-10　桩承担荷载占总荷载的比例

褥垫层厚度/m　δ_p　荷载 p/kPa	2	10	30	备　注
20	65	27	13	桩长 2.25 m，桩径 16 cm，
60	72	32	26	承压板 1.05 m×1.05 m
100	75	39	38	

（3）减小基础底面的应力集中。

当褥垫层厚度 $\Delta H=0$ 时，桩对基础的应力集中很显著，和桩基础一样，需要考虑桩对基础的冲切破坏。当 ΔH 大到一定程度后，基底反力即为天然地基的反力分布。桩顶对应的基础底面测得的反力 σ_{Rp} 与桩间土对应的基础底面测得的反力 σ_{Rs} 之比用 β 表示，β 值随褥垫层厚度 ΔH 的变化而变化，如图 3-18 所示。当褥垫层厚度大于 10 cm 时，桩对基础底面产生的应力集中已显著降低；当 ΔH 为 30 cm 时，β 值已经很小。

（4）调整桩、土水平荷载的分担比。

如图 3-19 所示为基础承受水平荷载时，不同褥垫层厚度、桩顶水平位移 U_p 和水平荷载 Q 的关系曲线，褥垫层厚度越大，桩顶水平位移越小，即桩顶受的水平荷载越小。

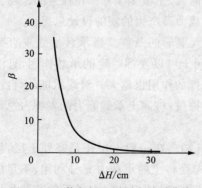

图 3-18　β 值与褥垫层厚度关系曲线

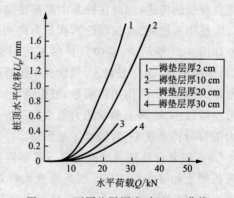

图 3-19　不同垫层厚度时 U_p-Q 曲线

3.4.3 设计计算

1）设计思想

当 CFG 桩桩体强度用得较高时，具有刚性桩的性状，有的设计人员常将之与桩基相联系，并经常问及 CFG 桩不放钢筋、在水平荷载作用下如何工作等一些问题。为此，有必要讨论 CFG 桩复合地基与桩基的区别。

CFG 桩复合地基通过褥垫层把桩和承台（基础）断开，改变了过分依赖于桩承担垂直荷载和水平荷载的传统设计思想。

如图 3-20 所示的独立基础，当基础承受水平荷载 Q 时，有三部分力与 Q 平衡：其一为基础底面摩阻力 F_t；其二为基础两侧面的摩阻力 F_1；其三为与水平荷载 Q 方向相反的土的反抗力 R。

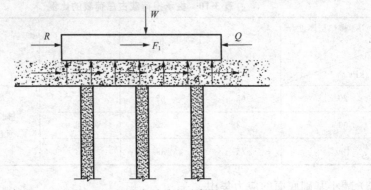

图 3-20　基础水平受力示意图

基础底面摩阻力 F_t 和基底与褥垫层之间的摩擦系数 μ 以及建筑物重量 W 有关，μ 的数值越大则 F_t 越大。

基底摩阻 F_t 传递到桩和桩间土上，桩顶剪应力为 τ_p，桩间土剪应力为 τ_s。由于 CFG 桩复合地基置换率一般不大于 10%，则有不低于 90% 的基底面积的桩间土承担了绝大部分水平荷载，而桩承担的水平荷载则占很小一部分。前已述及，桩土剪应力比随褥垫层厚度增大而减小。设计时可通过改变褥垫层厚度调整桩土水平荷载分担比。

按这一设计思想，复合地基水平承载能力比按传统桩基设计思想有相当大的增值。至于垂直荷载的传递，如何在桩基中发挥桩间土的承载能力，是很多学者都在探索的课题。

大桩距布桩的"疏桩理论"，就是为调动桩间土承载力而产生的新的设计思想。

如图 3-21 所示，桩基中只提供了桩可能向下刺入变形的条件。当承台承受垂直荷载时，对摩擦桩，桩端向下刺入，承台发生沉降变形，桩间土可以发挥一定的承载作用，且沉降变形越大，桩间土的作用越明显；桩距越大，桩间土发挥的作用也越大。对端承桩，承台沉降变形一般较小，桩间土承载能力很难发挥。即使是摩擦桩，桩间土承载能力的发挥占总承载能力的百分比也很小，且较难定量预估。

CFG 桩复合地基通过褥垫层与基础连接，无论桩端落在一般土层还是坚硬土层，均可保证桩间土始终参与工作。因此垂直承载力设计首先是将土的承载力充分利用，不足的部分由 CFG 桩来承担。由于 CFG 桩复合地基置换率不高，基础下桩间土承受的荷载是一个不小的数值。总的荷载扣除桩间土承担的荷载，才是 CFG 桩应承担的荷载。显然，与传统的桩基设计思想相比，桩的数量可以大大减小，再加上 CFG 桩不配筋，桩体利用工业废料粉煤灰作为掺加料，大大降低了工程造价。

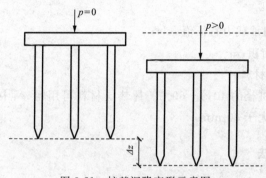

图 3-21　桩基沉降变形示意图

2）设计参数

CFG 桩复合地基设计主要确定 5 个设计参数，分别为桩长、桩径、桩间距、桩体强度、褥垫层厚度及材料。

（1）桩长 l。

CFG 桩复合地基要求桩端落在好的持力层上，这是 CFG 桩复合地基设计的一个重要原则。因此，桩长是 CFG 桩复合地基设计时首先要确定的参数，它取决于建筑物对承载力和变形的要求、土质条件和设备能力等因素。设计时根据勘察报告，分析各土层，确定桩端持力层和桩长，并按式（3-53）来计算单桩承载力，并取其中最小值。

$$R_k^d = (U_p \sum q_{si} L_i + q_p A_p)/K \tag{3-53}$$

式中　R_k^d——单桩承载力，kN；

U_p——桩的周长，m；

q_{si}——第 i 层土的极限摩阻力，按桩基技术规范有关规定取值，kPa；

q_p——桩端土的极限端阻力，按桩基技术规范有关规定取值，kPa；

L_i——第 i 层土的土层厚度，m；

K——系数，根据经验一般取 1.5～1.75。

（2）桩径 d。

CFG 桩桩径的确定取决于所采用的成桩方式。长螺旋钻中心压灌、干成孔和振动沉管成桩宜为 350～600 mm；泥浆护壁钻孔成桩宜为 600～800 mm；钢筋混凝土预制桩宜为 300～600 mm。

（3）桩间距（简称桩距）S。

桩间距应根据基础形式、设计要求的复合地基承载力和变形、土性及施工工艺确定。采用非挤土成桩工艺和部分成桩工艺，桩间距 S 宜为（3～5）d；采用挤土成桩工艺和墙下条形基础单排成桩的桩间距 S 宜为（3～6）d；桩长范围内有饱和粉土、粉细砂、淤泥、淤泥质土层，采用长螺旋钻中心压灌成桩施工中可能发生窜孔时宜采用较大桩间距。

（4）桩体强度。

原则上，桩体配比按桩体强度控制，桩体试块抗压强度应满足式（3-54）要求：

$$f_{cu} \geq 3\frac{R_a}{A_p} \tag{3-54}$$

式中　f_{cu}——桩体混合料试块(边长 150 mm 立方体)标准养护 28 d 抗压强度平均值,
　　　　kPa;

　　　R_a——单桩竖向承载力特征值,kN;

　　　A_p——桩的截面积,m²。

(5)褥垫层厚度及材料。

褥垫层厚度,宜为桩径的 40%~60%。褥垫层材料可用粗砂、中砂、碎石、级配砂石和碎石等,最大粒径不宜大于 30 mm。

3.4.4　施工方法

CFG 桩一般有四种成桩施工方法:

(1)振动沉管灌注成桩。适合于粉土、素填土和黏性土地基;挤土造成地面隆起量大时,应采用较大桩距施工。

(2)长螺旋钻孔灌注成桩。适合于地下水位以上的黏性土、粉土、素填土、中等密实以上的砂土地基。

(3)长螺旋钻中心压灌成桩。适合于黏性土、粉土、砂土和素填土地基,对噪声和泥浆污染要求严格的地基场地可优先选用,穿越卵石夹层时应通过试验确定适用性。

(4)泥浆护壁成孔灌注成桩。适用于地下水位以下的黏性土、粉土、砂土、填土、碎石土及风化岩层等地基,桩长范围和桩端有承压水的土层应通过试验确定其适应性。

具体施工步骤如下:

1)钻机就位

CFG 桩施工时,钻机就位后,应用钻机塔身前后和左右的垂直标杆检查塔身导杆,校正位置,使用钻杆垂直对准桩位中心,确保 CFG 桩垂直度容许偏差不大于 1.5%。

2)混合料搅拌

混合料搅拌时要求按配合比进行配料,计量要求准确,上料顺序为:先装碎石或卵石,再加水泥、粉煤灰和外加剂,最后加砂,使水泥、粉煤灰和外加剂夹在砂、石之间,不易飞扬和黏附在筒壁上,也易于搅拌均匀。每盘料搅拌时间不应小于 60 s。混合料坍落度控制在 160~200 m。在泵送前应将混凝土泵料斗、搅拌机搅拌筒备好熟料。

3)钻进成孔

钻孔开始时,关闭钻头阀门,向下移动钻杆至钻头触及地面时,启动马达钻进。一般应先慢后快,这样既能减少钻杆摇晃,又容易检查钻孔的偏差,及时纠正。在成孔过程中如发现钻杆摇晃或难钻时,应放慢进尺,否则较易导致桩孔严重偏斜、位移,甚至使钻杆、钻具扭断或损坏。钻进的深度取决于设计桩长,根据桩长确定钻孔深度。当钻头到达预定标高时,在动力头底面停留位置处的钻机塔身上做醒目标注,作为施工时控制桩长的依据。正式施工时,当动力头底面到达标注处桩长时即满足设计要求。施工时还需考虑施工工作面的标高差异,做相应增减。

在钻进过程中,当遇到圆砾层或卵石层时,会明显地发现进尺慢和机架轻微晃动,在有些工程中可根据这些特征来判定钻杆进入圆砾层或卵石层的深度。

4) 灌注及拔管

CFG 桩成孔到设计标高后,停止钻进,开始泵送混合料,当钻杆芯管充满混合料后开始拔管,严禁先提管后泵料。成桩的提拔速度宜控制在 $2 \sim 3$ m/min,成桩过程宜连续进行,应避免后台供料慢导致停机待料。若施工中因其他原因不能连续灌注,需根据勘察报告和已掌握的施工场地土质情况,避开饱和砂土、粉土层,不得在这些土层内停机。灌注成桩完成后,用水泥袋盖好桩头,进行保护。施工中每根桩的投料量不得少于设计灌注量。

5) 移机

当上一根桩施工完毕后,钻机移位,进行下一根桩的施工。施工时由于 CFG 桩排出的土较多,经常将邻近的桩位覆盖,有时还会出现钻机支撑时支撑脚压在桩位旁使原标定的桩位发生移动的情况。因此,下一根桩施工时,还应根据轴线或周围桩的位置对需施工的桩位进行复核,保证桩位准确。

3.4.5　质量检验

1) 施工质量控制

(1) 施工质量检测。

① 施工检测。

a. 打桩过程中随时测量地面是否发生隆起,因为断桩常常和地表隆起相联系。

b. 打新桩时对已打但尚未结硬的桩顶进行位移测量,以估算桩径的缩小量。

c. 打新桩时对已打并结硬桩的桩顶进行桩顶位移测量,以判断是否断桩。一般当桩顶位移超过 10 mm 时,需开挖进行查验。

② 逐桩静压。

对重要工程或施工监测发现桩顶上升量较大且桩数较多时,可对桩进行快速静压,将可能断裂并脱开的桩连接起来。这一技术在沿海地区称为"跑桩"。这一技术对保证复合地基中桩很好地传递垂直荷载是很有意义的。

需要指出,CFG 桩断桩并不脱开,因此不影响复合地基的正常使用。

③ 静压振拔技术。

所谓静压振拔是指沉管时不启动电动机,借助桩机自重将沉管沉至预定标高,填料后启动电动机振动拔管。对饱和软土采用这一技术对保证施工质量是有益的。

(2) 大直径预制桩尖的采用。

在软土地区,当桩长范围内桩端有可能落在好的土层上时,可采用比通常更大的预制桩尖,桩尖的直径增大到沉管外径的 $1.5 \sim 2.0$ 倍,人们称之为"大头桩尖",其目的是获得更大的端阻力。

2) 质量检验

CFG 桩施工结束后,应间隔一定时间方可进行质量检验。一般养护龄期可取 28 d。

（1）桩间土检验。

桩间土质量检验可用标准贯入、静力触探和钻孔取样等对桩间土进行处理前、后的对比试验。对砂性土地基可采用标准贯入或动力触探等方法检测挤密程度。

（2）单桩和复合地基检验。

可采用单桩载荷试验、单桩或多桩复合地基载荷试验进行处理效果检验。检验点数量可按处理面积大小取 2～4 点。

3.4.6 工程实例

1）工程和场地地质情况

山西某建筑工程占地 13 500 m^2，拟建主要建筑包括机修车间、大型设备库、综合楼及住宅楼。其中机修车间、设备库等工业设施采用排架结构，独立基础，柱间距 6.0 m，跨度 20～24 m。地基承载力设计要求：机修车间 2 号设备库的地基承载力为 200 kPa，1 号设备库的地基承载力为 160 kPa；综合楼和住宅楼采用框架结构，筏式基础，地基承载力设计要求为130 kPa。

拟建场地位于汾河一级阶地，住宅区和设备库段，场地平缓，地表长年积水，形成沼泽地貌景观，机修车间段回填土高 2.3 m。场地范围内自上而下各土层及其物理力学性能指标见表 3-11。由于地基持力层 Ⅱ 层粉质黏土承载力标准值为 70 kPa，下卧层 Ⅲ 层粉土承载力标准值仅为 60 kPa，不能满足地基的设计要求，此外，该地区地震基本烈度为 8 度，粉土层顶覆盖厚度仅 1.0～2.2 m，标准贯入击数和比贯入阻力均小于液化判别标准贯入击数临界值 N_q 和液化判别比贯入阻力临界值 P_q，局部地段液化指数达 37.9，最大液化深度达7.5 m。因此，必须进行地基处理。

表 3-11 住宅区和设备库段加固前地基土物理力学性质指标

层 序	土层名称	土层平均厚度/m	含水量 ω /%	重度 γ /(kN·m⁻³)	孔隙比 e_0	饱和度 S_r /%	液限 w_L /%	塑限 w_p /%	塑性指数 I_p	液性指数 I_L
Ⅰ	杂填土	0.4	—	—	—	—	—	—	—	—
Ⅱ	粉质黏土	1.1	31.5	19.2	1.84	100	29.9	18.1	11.8	1.10
Ⅲ	粉 土	4.0	27.6	19.6	0.76	100	25.7	16.7	9.0	1.21
Ⅳ	粉 土	1.0	25.4	19.8	0.71	100	24.6	16.4	8.2	1.10
Ⅴ	粉质黏土	1.4	26.8	19.5	0.76	97	30.0	18.1	11.9	0.73
Ⅵ	黏 土	1.4	28.7	19.6	0.80	100	43.8	23.7	20.1	0.25
Ⅶ-1	粉质黏土	2.4	24.3	19.2	0.67	100	28.1	17.4	10.8	0.55
Ⅷ-2	黏 土	1.4	22.5	20.3	0.63	99	23.7	16.2	7.5	0.84
Ⅷ-3	粉质黏土	2.4	25.6	20.2	0.71	99	32.4	19.1	13.3	0.49
Ⅷ	粉细砂	未穿透	19.9	19.8	0.62	87	—	—	—	—

层 序	压缩系数 a_{1-2} /MPa^{-1}	压缩模量 E_{s1-2} /MPa	抗剪强度		标贯 (修正) /击	锤击 阻力 q_c /MPa	侧壁 阻力 f_a /kPa	黏粒 含量 /%	承载力 特征值 f_{ak}/kPa	十字板 剪切强度 S_v/kPa	灵敏度 S_t
			C/kPa	φ/(°)							
Ⅰ	—	—	—	—	—	0.76	15	—	80	—	—
Ⅱ	0.43	4.3	45	18	2	0.40	10	—	70	15	3.4
Ⅲ	0.35	4.4			3	0.26	11	11	60	13	11.4
Ⅳ	0.23	7.0			5	0.10	17	9	105	27.6	6.4
Ⅴ	0.39	4.1			7	0.72	18		120		
Ⅵ	0.21	8.4			10	1.60	74		190		
Ⅶ-1	0.18	9.0			11	2.10	49		220		
Ⅷ-2	0.17	8.5			10	4.50	80		250		
Ⅷ-3	0.26	7.6			16	2.10	47		220		
Ⅷ									230		

2）地基处理方案的选择

根据场地地质情况,对多种地基处理方案从经济和技术上进行了分析和比较。

（1）钢筋混凝土钻孔灌注桩处理方案。

钢筋混凝土钻孔灌注桩处理方案安全可靠,完全能满足设计要求,但地基土的高灵敏度给施工带来了极大困难,加之排污工作量大,导致施工费用过高,甲方难以承受,因此不能采纳。

（2）水泥粉体搅拌桩处理方案。

粉喷桩施工噪声低,污染少,水泥土桩复合地基可满足设计要求,但施工费用仍偏高。

（3）挤密碎石桩处理方案。

碎石桩可使松散状的粉土挤密,消除土层的液化可能性。但碎石桩桩体材料本身没有黏结强度,主要靠桩周土的约束来维持桩体并承受荷载,而饱和黏性土的灵敏度较高,由于成桩过程中对桩间土的扰动,使桩间土的结构性受到破坏,强度大大降低,对桩的约束作用在相当长的时间内大为削弱。在饱和黏性土中,碎石桩复合地基承载力比天然地基一般可提高 20%～60%,本场地的现场试验表明,经碎石桩加固后,地基承载力由 60 kPa 提高到 80 kPa,不能满足地基承载力的设计要求,因而碎石桩方案也不能采用。

（4）CFG 桩处理方案。

CFG 桩的桩身强度可在 4～20 MPa 之间调控,静力受压弹性模量为 8.4×10^3～9.8×10^3 MPa,因而具有较高的桩身模量和强度,能承受较大份额的上部荷载,以往的加固经验表明,CFG 桩加固后复合地基承载力可较加固前提高 2～3 倍甚至更高,现场的 CFG 桩静载荷试验结果（见表 3-12）也表明,复合地基承载力可达 150～220 kPa,单桩承载力可达 140～170 kPa,除试验 5 外,均分别达到或超过设计要求的承载力,因此认为 CFG 桩在本场地是可以达到设计要求的。

表 3-12　CFG 桩单桩及复合地基载荷试验结果

试验编号	试验类型	载荷板尺寸 /cm	桩长 /m	桩径 /m	垫层厚度/mm		置换率 /%	承载力 基本值
					桩头以上	桩头以下		
试 1	单 桩	φ37.7	9.2	φ377	—	—	10.8	140 kPa
试 2	单 桩	φ37.7	9.4	φ377	—	—	10.8	170 kPa
试 3	单 桩	φ37.7	10.5	φ377	—	—	9.5	150 kPa
试 4	单桩复合	100×100	9.2	φ377	300	300	10.8	220 kPa
试 5	双桩复合	100×120	9.0	φ377	250	—	10.8	150 kPa
试 6	单桩复合	100×100	10.5	φ377	200	200	9.5	162.5 kPa

（5）挤密碎石桩与 CFG 桩联合处理方案。

由于 CFG 桩施工时产生的地基土孔隙水压力消散时间较长,桩间土强度恢复周期长,不利于桩间土承载力的利用;而碎石桩既能起排水通道、缩短桩间饱和软土排水固结路径、加速软土固结、恢复并提高桩间土承载力的作用,又能消除可液化地层的液化势、增加桩间土密实性、提高抗剪强度。因此,经分析比较后,决定采用碎石桩与 CFG 桩联合处理方案,发挥两种不同桩型的优点。

3）地基处理

（1）地基处理设计。

由于 CFG 桩与碎石桩组合型复合地基中的主要加筋体是 CFG 桩,碎石桩的设置可加速土体的固结,提高土体的抗剪强度,因而在组合型复合地基设计时,将碎石桩与天然地基作为 CFG 桩的复合桩间土,复合桩间土与 CFG 桩共同构成复合地基承担上部结构传来的荷载。复合地基的承载力可按下式估算:

$$f_{\mathrm{sp,k}} = n_{\mathrm{p}} R_{\mathrm{k}} + (1-m) f_{\mathrm{csk}} \tag{3-55}$$

式中　$f_{\mathrm{sp,k}}$——组合型复合地基承载力特征值,kPa;

n_{p}——每平方米所含 CFG 桩的根数;

R_{k}——CFG 桩单桩承载力特征值,kPa;

m——CFG 桩面积置换率,%;

f_{csk}——碎石桩与软土复合地基承载力特征值,kPa。

根据现场碎石桩单桩复合地基、CFG 桩单桩的静载荷试验资料和加固地段的地质状况,可按式(3-55)估算不同处理地段的承载力。经计算,筏式基础下桩体按 1.2 m 的桩间距成正三角形满堂布桩,CFG 桩与碎石桩相间隔排置;独立柱基下桩体按 1.0 m 的桩间距成正三角形布桩。根据不同的地质情况,碎石桩桩长分别在 6.0～8.0 m 之间,以穿透Ⅳ层粉土层,消除粉土液化势;CFG 桩桩长取 9.0～10.5 m,桩尖置于承载力较高的Ⅴ层粉质黏土层上或Ⅵ层黏土层上,以利用发挥桩的端承效应。

为了调整基底下应力的分布状况,发挥桩间土的承载作用,同时又为施工机械提供施工的行走垫层并可同碎石桩构成排水通道,在桩与基础底板之间铺设一层 30 cm 厚的砂卵石褥垫层。

（2）地基的施工设计。

由于本场地的主要受力层Ⅲ、Ⅳ层粉土的灵敏度分别达 11.4 和 6.4,属结构性极强的灵敏性土,因此选择适合的施工方案及施工机具,减少施工对地基土的扰动是极为重要的。施工设计确定先采用锤击沉管法打设碎石桩,在饱和土层中设置竖向排水通道;再以振动沉管法打设 CFG 桩,利用已设置的排水井消散振动沉管引起的超孔隙水压力,以加速土体的固结。施工时,为减小施工对地基土的扰动,要求采用隔行隔排跳打方式施工,并要求碎石桩每米的充盈系数不小于 1.6,CFG 桩每米的充盈系数不小于 2.0,以保证桩体的施工质量。

（3）桩体材料的配方设计。

碎石桩的填料采用 75% 粒径在 20～50 mm 之间的级配碎石和 25% 的含泥量小于 7% 的石屑或中、粗砂的混合材料,碎石的干重度大于 20 kN/m³。

CFG 桩采用掺有适量普通硅酸盐水泥的体积比为 1∶0.25∶0.5 的碎石∶粉煤灰∶中、粗砂混合料,桩体混合料的强度不得低于 9.8 MPa,填料的水灰比控制在 0.6～0.7。

4）地基处理效果

在桩体施工结束一个月后,在现场分别进行了复合地基静载荷试验、桩间土标准贯入试验和十字板剪切试验,对 CFG 桩还分别采用小应变动测法和桩芯试块取样法进行了承载力和试块的抗压强度试验,以检验地基处理效果和施工的质量。

（1）复合地基静载荷试验。

地基处理后,分别在设备库、机修车间、综合楼和住宅楼选择土质较差的地段进行了静力载荷试验,组合型复合地基的承载力基本值取 0.015 倍载荷板宽度的沉降值对应的载荷值。静载试验结果见表 3-13。

表 3-13　复合地基静载荷试验结果

建筑名称	基础形式	桩径/mm		桩间距/m	设计要求承载力/kPa	复合地基承载力/kPa
		碎石桩	CFG 桩			
1 号设备库	独立基础	φ400	φ377	1.0	160	165
2 号设备库	独立基础	φ400	φ377	1.0	200	352
机修车间	独立基础	φ400	φ377	1.0	200	332
综合楼	筏形基础	φ400	φ377	1.2	130	180
住宅楼	筏形基础	φ400	φ377	1.2	130	180

试验表明,经 CFG 桩和碎石桩联合处理后,地基承载力都满足了设计要求,由于复合地基静载荷试验是在打桩后一个月即进行的,虽然此时 CFG 桩混合材料的水化反应尚未结束,桩身强度还相对较低,但复合地基承载力已达到相当高的水平,随着时间的推移,地基承载力还将会进一步提高。

（2）小应变动测法桩体承载力测试结果。

采用小应变动测法对 CFG 桩的抽测结果表明，采用振动法成桩，直径为 377 mm、长 10.0 m 的 CFG 桩，单桩承载力标准值可达 241 kN；采用锤击沉管法管内投料法成桩，直径为 403 mm、长 9.5 m 的 CFG 桩，单桩承载力标准值可达 175 kN。可见在本场地中采用振动沉管成桩法施工的 CFG 桩比锤击沉管法施工的 CFG 桩桩身质量好，承载力高。

（3）CFG 桩混合料的抗压强度。

对预留试块和 CFG 桩取芯试块的抗压强度试验（见表 3-14）表明，标准养护条件下和现场实际养护条件下混合料立方体抗压强度的增长速率是不同的，现场实际状况下桩身混合料强度的增长滞后于标准养护条件下的桩身混合料立方体强度的增长，但在 28 d 时仍达到了设计的桩身强度，从标准条件下试块强度增长趋势看，其后期强度将会大幅度提高，所以 CFG 桩复合地基的承载力 28 d 后强度的增长仍会很大。

表 3-14　混合料试块抗压强度试验结果

试块情况	龄期/d	平均抗压强度/MPa	备　注
标准养护	28	10.8	
标准养护	38	18	锤击成桩
现场实际养护	28	9.8	

（4）标准贯入试验。

对桩间土的标准贯入试验（见表 3-15）表明，经碎石桩和 CFG 桩处理后，场地可液化土层的液化完全消除，桩间土得到挤密，承载力得到提高。

表 3-15　标准贯入试验结果　　　　　　　　　　（单位：击）

地层序号	Ⅱ	Ⅲ	Ⅳ	Ⅴ
天然土	2		3	5
桩间土	4	6	10	8
液化临界值	—	5.27	5.22	—

（5）桩间土十字板剪切试验。

地基处理后一个月的桩间土十字板剪切试验表明，由于采用了合适的施工方案和施工工艺，并且设置了排水通道，施工中的超孔隙水压力得以迅速消散，桩间土得以迅速固结，桩间土承载力得到较快的恢复并提高，第Ⅱ层和第Ⅲ层土体的十字板抗剪强度由加固前的 15 kPa 和 13 kPa，提高到 25 kPa 和 36 kPa，增幅分别达 66.7% 和 176.9%，也反映出粉土地基强度的提高较粉质黏土更高，土体的固结速率更快。

（6）沉降观测。

从主体结构基础施工起至综合楼、住宅楼竣工后的连续观测结果表明，地基沉降极其平稳均匀，沉降值为 1.0～1.5 mm，远小于规范的容许值，地基处理取得了满意的效果。

第4章

排水固结

4.1 概 述

　　排水固结法是先在地基中设置砂井（袋装砂井或塑料排水带）等竖向排水体，然后利用建筑物本身重量分级逐渐加载；或在建筑物建造前在场地先行加载预压，使土体中的孔隙水排出，逐渐固结，地基发生沉降，同时强度逐步提高的方法。该法常用于解决软黏土地基的沉降和稳定问题，可使地基的沉降在加载预压期间基本完成或大部分完成，使建筑物在使用期间不致产生过大的沉降和沉降差。同时，可增加地基土的抗剪强度，从而提高地基的承载力和稳定性。排水固结法适用于处理淤泥质土、淤泥、泥炭土和冲填土等饱和黏性土地基。

　　排水固结法竖向通常由排水系统和加压系统两部分组成，如图4-1所示。它的主要作用是改变地基的排水边界条件，缩短排水距离和增加孔隙水排出的途径。根据固结理论，土体固结速率与土体渗透系数有关，也与土体排水固结的最大排水距离有关，而且与最大排水距离成二次方关系。有效缩短最大排水距离，可以大大缩短地基土固结所需的时间。例如：在一维固结条件下，某地基最大排水距离为10 m时，在某一荷载作用下，达到某一固结度的排水固结时间为10年。当其他条件不变时，最大排水距离由10 m降至1 m时，达到同一固结度的排水固结时间只为1.2个月。因此，采用排水固结法加固地基时，一般通过在地基中设置排水通道以有效缩短排水距离，达到加速地基固结的目的。水平向排水垫层一般为砂垫层，也有由砂垫层加土工合成材料垫层复合形成的垫层。竖向排水通道常采用在地基中设置普通砂井、袋装砂井、塑料排水带等形成。若地基土体渗透系数较大，或在地基中有较多的水平砂，也可不设人工竖向排水通道，只在地基表面铺设水平排水垫层。

　　普通砂井通常指采用水冲法或沉管法在地基中成孔，然后灌入砂，在地基中形成竖向排水体即砂井。普通砂井直径一般在300～500 mm以上。袋装砂井是指用土工布缝成细长袋子，灌入砂，采用插设袋装砂井专用施工设备将其插入地基中，形成竖向排水体即袋装砂井。袋装砂井直径一般为70～120 mm。塑料排水带由排水芯带和滤膜两部分组成，工厂化生产，采用插设塑料排水带的专用设备将其插入地基中形成竖向排水体——塑料排水带。塑料排水带当量直径一般在70 mm左右。普通砂井、袋装砂井和塑料排水带各有优缺点，应根据工程条件通过技术经济比较后合理选用。

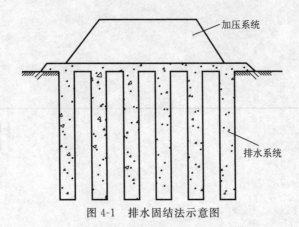

图 4-1　排水固结法示意图

加压系统通常采用下述方法：堆载法、真空预压法、真空预压联合堆载法、降低地下水位法和电渗法等。

堆载法是指在被加固地基上采用堆载达到施加预压目的的排水固结加固方法。最常用的堆载材料是土或砂石料，也可采用其他材料。有时也可利用建（构）筑物自重进行预压。堆载预压法又可分为两种：当预压荷载小于或等于使用荷载时，称为一般堆载预压法，简称堆载预压法；当预压荷载大于使用荷载时，称为超载预压法。

真空预压法是在砂垫层上铺设不透水膜，在砂垫层中埋设排水管，通过抽水、抽气，在砂垫层和竖向排水通道中形成负压区，以便和地基土体间形成水头压差。在水头压差作用下，地基土体中水排出，并通过排水系统将水加气排出膜外，地基土体产生排水固结。真空预压法膜下真空度一般可达 85 kPa。

在单纯采用真空预压法不能达到地基处理设计要求时，可采用真空预压与堆载预压联合法加固地基。理论分析和工程实践表明，堆载预压法和真空预压法两者加固地基的效果可以叠加。

降低地下水位法是通过降低地下水位增加地基中土体自重应力以改变地基中的应力场，达到加载排水固结加固地基的目的。

电渗法是在地基中设置正负极，在地基中形成电场，在电场作用下地基土体中的水流向阴极，并被排出地基，以达到排水固结加固地基的目的。

4.2　加固机理

4.2.1　堆载预压加固机理

堆载预压是指在饱和软土地基上施加荷载，在荷载作用下，地基土层的固结过程实质上就是孔隙水压力不断消散（孔隙水排出）和有效应力不断增长的过程。假定地基内某点的总应力为 σ，有效应力为 σ'，孔隙水压力为 u，则三者遵循有效应力原理，三者关系见式(4-1)。

$$\sigma = \sigma' + u \tag{4-1}$$

排水固结法的排水系统和加压系统就是通过改变地基应力场中的总应力 σ 和孔隙水压力 u 来达到增大有效应力、压缩土层的目的。例如，堆载预压法用填土等外加荷载对地基进行预压,它通过增加地基总应力 σ,并使孔隙水压力 u 消散来增加有效应力 σ'。

以堆载预压排水固结法为例,图 4-2 所示为地基土室内压缩曲线。土样的天然状态为曲线上 a 点,其孔隙比为 e_0、天然固结压力为 σ_0'。在外加荷载($\Delta\sigma' = \sigma_1' - \sigma_0'$)作用下变化到 c 点时,土样的孔隙比为 e_1,减小 Δe,而强度提高 $\Delta\tau$,在压缩曲线上为 abc 段。如果此时卸荷,则曲线沿 cef 回到 f 点,而不是原来的 a 点,说明土样的孔隙比及强度变化很小,属超固结状态。继续加压至 σ_1' 时,压缩曲线沿 fgc 回到 c 点,孔隙比减少 $\Delta e'$,远小于预压缩产生的 Δe,而大部分压缩变形($\Delta e - \Delta e'$)在预先施压过程中消除。因此,堆载预压排水固结实际上就是在地基上预压与上部建(构)物相当的荷载,使地基预先完成大部分固结沉降,并增强地基抗剪强度。如果对地基施加的荷载大于建(构)筑荷载,如图 4-2 中的 d 点所对应的压力,则会进一步增大地层的固结程度,大大减少地基的沉降量,该方法称为超载预压排水固结法。

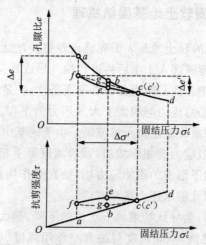

图 4-2 堆载预压法地基土室内压缩曲线

排水固结法的排水系统包括竖向排水体和水平排水体,其作用是改善地基排水条件,增强土层的排水固结效果。根据固结理论,黏性土固结所需的时间和排水距离的平方成正比,土层越厚,固结延续的时间越长。为了加快土层的固结速度,最有效的方法是增加土层的排水途径,缩短排水距离。设置砂井、塑料排水板(袋)等竖向排水体,以及砂垫层水平排水体就是具体的排水手段。

如图 4-3(a)所示为竖向排水固结,土层厚度相对荷载宽度来说比较小,孔隙水向上下面透水层排出而使土层发生固结,为双面排水条件。假定土层厚度为 20 m,固结系数 $C_v = 2 \times 10^{-3}$ cm^2/s 时,根据一维固结理论,一次瞬时施加压力达到固结度 80% 时,所需的固结时间约为 9 年。因此,当地基的固结土层比较厚或者渗透途径较长时,达到设计要求的固结度需要较长的时间,应设法改善排水条件,缩短渗径,以加速地基的固结。增设竖向排水体,如砂井、塑料排水带(板)就是缩短渗透途径的一种有效的技术措施,如图 4-3(b)所示。

工程实践证明,利用砂井加固饱和软土地基的效果是显著的。如图 4-3(b)所示,土层中的孔隙水主要在水平向通过砂井,部分从竖向通过砂垫层和下部透水砂层排出。这样,大大改善了孔隙水的排水条件,使饱和软土得以快速排水固结,达到预期加固要求。

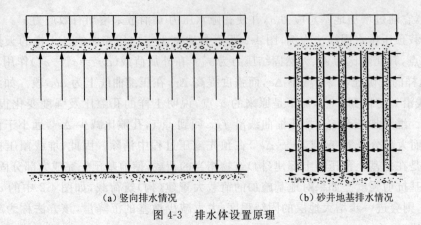

（a）竖向排水情况　　　　　　　　（b）砂井地基排水情况

图 4-3　排水体设置原理

4.2.2　真空预压加固软土地基固结机理

真空预压法在需要加固的软土地基表面先铺设砂垫层，然后埋设排水管道，再用不透气的密闭膜使其与大气隔绝，薄膜埋入土中后再进行抽气形成真空，增加地基有效应力。真空预压法加固软土地基，地基中各点必须满足两个平衡条件：一是地基中各点孔压与负压边界及周围压力边界的平衡，二是总应力与膜面上大气压力的平衡。从第一个平衡条件出发可以求出抽真空作用下地基中最终稳定负压渗流场。由于地基中应力要同时满足第二个平衡条件，负压渗流场中土体有效应力要相应增加，其增加值等于相应的孔压降低值，即产生固结。相对于地基在堆载作用下形成的附加应力场，抽真空作用在地基中形成的最终稳定负压渗流场与附加应力场及超孔隙水压力场相对应。

真空预压加固软土地基，会导致场地地下水位的下降，据大量工程实测资料报道，其下降值一般在 $1.33 \sim 5.5$ m 之间，下降幅度与抽真空作用强度、场地水文地质条件等因素有关。地下水位的下降会在地基中相关土层产生附加应力，其加固机理与单纯由抽真空引起的加固机理是互相独立的，加固效果可以叠加。

真空联合堆载预压加固地基，真空预压在地基中形成负压渗流场，并引起地下水位的下降，使得地基中有效应力增加。堆载在地基中形成附加应力场，同样使地基中有效应力增加。真空预压与堆载作用原理是互相独立的，其预压效果可以叠加。

4.3　设计与计算

排水固结法的设计，实质上是根据上部结构荷载的大小、地基土的性质和工期要求，合理安排排水系统和加压系统的关系。要努力做到以下四点：① 尽量缩短地基处理时间；② 尽量加快地基固结沉降速度；③ 充分增强地基土强度；④ 注意安全。地基土层的排水固结处理根据加压方式不同，分为堆载预压（含超载预压）法、真空预压法、降水预压法、电渗排水法以及联合加压法。工程实践表明，各类排水固结法必须根据具体工程条件确定，并需要进行周密的设计与计算以及优良的施工技术。这里只简单介绍一下堆载预压法和真空预压法的设计计算。

4.3.1　堆载预压法设计与计算

堆载预压法是对天然软土地基,先在地基中设置砂井、塑料排水带(板)等竖向排水体,然后利用建(构)筑物本身重量分级逐渐加载,或是在建筑物建造以前,在场地先行加载预压,使土体中的孔隙水排出,土层逐渐固结,地基发生沉降,同时强度逐步提高的方法。堆载预压法是工程上广泛使用、行之有效的方法。堆载一般用填土、砂石等散粒材料,油罐通常用充水对地基进行预压,堤坝常以其本身的重量有控制地分级逐渐加载,直至设计标高。有时为了加速压缩过程,可采用比建(构)筑物重量大的荷载进行预压,即超载预压。

堆载预压法的设计内容主要包括:

(1) 选择竖向排水体,确定其断面尺寸、间距、排列方式和深度。

(2) 确定排水砂垫层材料和厚度。

(3) 确定预压区范围、预压荷载大小、荷载分级、加载速率和预压时间。

(4) 计算地基土的固结度、强度增长,进行稳定性和变形验算。

1) 砂井或塑料排水带(板)尺寸、间距、排列方式和深度

竖向排水体分为普通砂井、袋装砂井和塑料排水带(板)。砂井直径和间距,主要取决于黏性土层的固结特性和施工期限的要求。研究表明,即使砂井直径很小,如只有 3 cm 的理想井(不计涂抹作用和砂井阻力作用),对加速固结也是极其有效的。所以,原则上采用"细而密"的方案较好。一般地,普通砂井直径可取 $300 \sim 500$ mm,袋装砂井直径可取 $70 \sim 120$ mm。塑料排水带(板)的当量换算直径可按式(4-2)计算:

$$d_p = \frac{2(b+\delta)}{\pi} \tag{4-2}$$

式中　d_p——塑料排水带(板)当量换算直径,mm;

　　　b——塑料排水带(板)宽度,mm;

　　　δ——塑料排水带(板)厚度,mm。

竖向排水体(竖井)的平面布置可采用等边三角形或正方形排列,如图 4-4 所示。当竖井为正方形排列时,竖井的有效排水范围为正方形,而等边三角形排列时则为正六边形,在该有效范围内的水均通过位于其中的竖井排出。

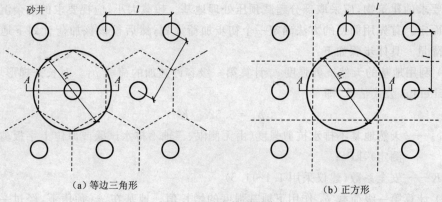

(a) 等边三角形　　　　　　　　　　　　(b) 正方形

图 4-4　竖向排列形式

竖向的有效排水直径 d_r 与竖井间距的关系为：

$$d_r = \sqrt{\frac{2\sqrt{3}}{\pi}}\, l = 1.05l \qquad (4-3)$$

正方形排列：

$$d_r = \sqrt{\frac{4}{\pi}}\, l = 1.13l \qquad (4-4)$$

排水竖井的间距 l 可根据地基土的固结特性和预定时间内所要求达到的固结度确定。设计时，竖井的间距 l 可按井径比 n 选用（$n = d_r/d_w$，其中 d_w 为竖井直径，对塑料排水带可取 $d_w = d_p$）。塑料排水带（板）或袋装砂井的间距可按 $n = 15 \sim 22$ 选用，普通砂井的间距可按 $n = 6 \sim 8$ 选用。

排水竖井的深度应根据建筑物对地基的稳定性、变形要求和工期确定。对以地基抗滑稳定性控制的工程，竖井深度至少应超过最危险滑动面 2.0 m。对以变形控制的建筑，竖井深度应根据在限定的预压时间内需完成的变形量确定。如果受压层厚度不很大（小于 20 m）时，可打穿受压层以减少预压荷载或预压时间。当受压层厚度很大时，因为至深度较大处，附加应力与土自重应力相比已很小，砂井的排水固结作用已不大，所以砂井不一定要打穿整个受压层，可根据预计沉降量能否满足建筑物的要求，对砂井尺寸进行反复试算，直至满足要求为止。

2）排水砂垫层材料和厚度

在竖井顶面应铺设排水砂垫层，以连通砂井、塑料排水带等竖向排水体，引出从土层排入竖向排水体的渗流水。《建筑地基处理技术规范》（JGJ 79—2012）规定，砂垫层厚度应小于 500 mm，砂垫层砂料宜用中粗砂，黏粒含量不宜大于 3%，砂料中可混有少量粒径小于 50 mm 的砾石。砂垫层的干密度应大于 1.5 g/cm³，其渗透系数宜大于 1×10^{-2} cm/s。在预压区边缘应设置排水沟，预压区内宜设置与砂垫层相连的排水盲沟。

3）预压荷载大小、荷载分级、加载速率和预压时间

在软弱地基上堆载预压，必然在地基中产生剪应力。当这种剪应力大于软土地基的抗剪强度时，地基将剪切破坏。为此，堆载预压需进行分级加荷，等到前期荷载作用下地基强度增加到足以满足下一级荷载时，方可施加下一级荷载，直至加到设计荷载。对于地基沉降有严格要求的建筑物，应采取部分超载预压处理地基。超载大小，应视要求的残余沉降量和固结度而定。首先用简便的方法确定一个初步加荷计划，然后校核该加荷计划下地基稳定性和沉降量。具体步骤如下：

（1）利用地基的天然抗剪强度 c_u 计算第一级容许施加的荷载 p_1。对长条梯形填土，可根据 Fellenius 公式估算，即

$$p_1 = 5.52c_u/K \qquad (4-5)$$

式中　c_u——天然地基不排水抗剪强度（由无侧限、三轴不排水试验或原位十字板剪切试验测定），kPa；

　　　K——安全系数（建议采用 $1.1 \sim 1.5$）。

（2）计算第一级荷载 p_1 作用下地基强度的增长值。地基在 p_1 预压下，经过一段时间强度逐渐提高，地基强度为：

$$c_{u1} = \eta(c_u + \Delta c'_{u1}) \tag{4-6}$$

式中　$\Delta c'_{u1}$——p_1 作用下地基固结增长的强度，kPa；

　　　η——强度折减系数。

（3）计算 p_1 作用下达到所定固结度（一般为 70%）所需要的时间，即两级荷载（p_i，p_{i+1}）间隔，目的在于确定第一级荷载停歇的时间，或第二级荷载开始施加的时间。地基在 p_i 作用下达到某一固结度所需要的时间可根据固结度与时间的关系求得。

（4）根据第（2）步得到的地基强度 c_{u1} 计算第二级所能施加的荷载 p_2，即

$$p_2 = 5.52 c_{u1}/K \tag{4-7}$$

在此基础上计算 p_2 作用下地基固结后强度值 $c_{u2} = \eta(c_{u1} + \Delta c'_{u2})$，以及 p_2 的作用时间（固结度为 70%）。依次按上述步骤计算出各级加荷荷载 p_i 和加荷时间，直至超出设计荷载。

（5）上述加荷计划确定后，对每一级荷载下地基的稳定性进行验算。当地基稳定性不满足要求时，则调整上述加荷计划。

（6）计算预压荷载下地基的最终沉降量、预压期间的沉降量和剩余沉降量，以确定预压荷载卸除的时间。如果预压工期内，地基沉降量不满足设计要求，则采用超载预压，重新制定加荷计划。加载速率应根据地基土的强度确定。当天然地基土的强度满足预压荷载下地基的稳定性要求时，可一次性加载；否则，应分级逐渐加载，待前期预压荷载下地基土的强度增长满足下一级荷载下地基的稳定性要求时方可加载。

4）地基土的固结度计算

固结度计算是堆载预压处理地基中的重要内容，可根据各级荷载下不同时间的固结度推算地基强度的增长值，分析地基的稳定性，确定相应的加荷计划，估算加荷期间地基的沉降量，确定预压荷载的期限等。

（1）瞬间加荷条件下砂井地基固结度的计算。

如图 4-5 所示为堆载预压砂井地基固结度处理模型，每个砂井影响范围内的柱体可用等面积的圆柱体来代表。等效圆柱体直径为 d_e，高度为 $2H$，砂井直径为 d_w，饱和软黏土层上、下面均为排水面，在加荷条件下，土层中的孔隙水沿径向和竖向渗流，土层固结。

瞬间加荷砂井固结理论假设条件为：① 每个砂井的有效影响范围为圆柱体，且不计砂井施工过程中所引起的涂抹作用；② 在影响范围，水平面积上的荷载是瞬时施加且均布的；③ 土体仅有竖向压密变形，土的压缩系数和渗透系数是常数；④ 土体完全饱和，荷载开始时，荷载所引起的全部应力由孔隙水承担，固结过程就是土中孔隙水排出的过程。

现设圆柱体内任意点 (r, z) 处的孔隙水压

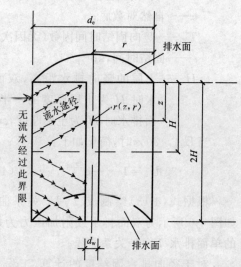

图 4-5　砂井地基固结度计算模型

力为 u，水平向渗透系数为 k_h，竖向渗透系数为 k_v，则固结微分方程为：

$$\frac{\partial u}{\partial t} = C_v \frac{\partial^2 u}{\partial z^2} + C_h \left[\frac{\partial^2 u}{\partial r^2} + \frac{1}{r} \left(\frac{\partial u}{\partial r} \right) \right] \tag{4-8}$$

式中　t——时间，s；

　　　C_v——竖向固结系数，cm^2/s；

　　　C_h——径向固结系数（或称水平向固结系数），cm^2/s。

根据边界条件，直接求解式(4-8)在数学上是困难的。A. B. Newman 于 1931 年和 N. Garrillo 于 1942 年证明式(4-8)可用分离变量法求解，将式(4-8)分解为竖向固结和径向固结两个微分方程，即式(4-9)和式(4-10)，即

$$\frac{\partial u_t}{\partial t} = C_v \frac{\partial^2 u_z}{\partial z^2} \tag{4-9}$$

$$\frac{\partial u_r}{\partial t} = C_h \left[\frac{\partial^2 u_r}{\partial r^2} + \frac{1}{r} \left(\frac{\partial u_r}{\partial r} \right) \right] \tag{4-10}$$

将式(4-9)和式(4-10)分别求解，得到竖向排水平均固结度和径向排水平均固结度，然后再求出在竖向排水和径向排水联合作用下的整个砂井影响范围内土柱体的平均总固结度。

首先，根据边界条件，求解微分方程式(4-10)，解得某一时间竖向平均固结度的计算公式为：

$$U_z = 1 - \frac{8}{\pi^2} \sum_{m=1,3,\cdots}^{m=\infty} \frac{1}{m^2} e^{-\frac{m^2 \pi^2}{4} T_v} \tag{4-11}$$

$$T_v = \frac{C_v t}{H^2} \tag{4-12}$$

式中　U_z——竖向排水平均固结度，%；

　　　m——奇数正整数($1,3,5,\cdots$)；

　　　e——自然对数底；

　　　T_v——竖向固结时间因数（无因次）；

　　　t——固结时间，s；

　　　H——土层的竖向排水距离，双面排水时 H 为土层厚度的一半，单面排水时 H 为土层厚度，cm。

当 $U_z > 30\%$ 时，简化如下：

$$U_z = 1 - \frac{8}{\pi^2} e^{-\frac{\pi^2}{4} T_v} \tag{4-13}$$

根据式(4-13)绘制成 T_v-U_z 关系曲线，如图 4-6 所示为双面排水或附加压力为矩形的单面排水 T_v-U_z 关系曲线。

对于径向排水固结度的计算，工程上一般都假定等应变条件，即作用于地基表面的荷载是完全刚性的。这时，各点的竖向变形

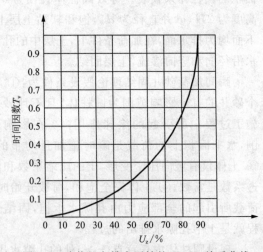

图 4-6　砂井竖向排水固结的 T_v-U_z 关系曲线

相同,无不均匀沉降发生,基底应力分布不相等。求解径向固结微分方程式(4-10),得到某一时间径向平均固结度的计算公式为:

$$U_r = 1 - e^{-\frac{8T_h}{F(n)}} \tag{4-14}$$

$$T_h = \frac{C_h}{d_e^2} t \tag{4-15}$$

$$F(n) = \frac{n^2}{n^2-1} \ln n - \frac{3n^2-1}{4n^2} \tag{4-16}$$

式中　C_h——径向固结系数;

　　　t——时间,s;

　　　T_h——径向固结时间因数(无因次);

　　　n——井径比,$n = \dfrac{d_e}{d_w}$。

根据式(4-14)、式(4-15)、式(4-16)可以得到径向平均固结度 U_r 和时间因数 T_h、井径比 n 的关系曲线,如图 4-7 所示。对于某砂井地基,由径向固结系数 C_h、固结时间 t、砂井的直径 d_w、砂井间距 l,并计算砂井有效排水直径 d_e,然后计算出时间因数 T_h 和井径比 n,查曲线图 4-7 或计算得到径向平均固结度。

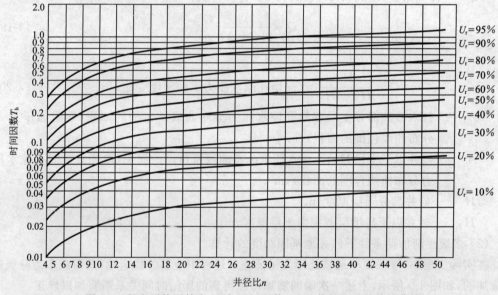

图 4-7　径向平均固结度 U_r 与时间因数 T_h 及井径比 n 的关系曲线

至此,可以计算砂井地基总的平均固结度 U_{rz}。它由竖向排水和径向排水共同作用得到,总的平均固结度计算公式为:

$$U_{rz} = 1 - (1 - U_z)(1 - U_r) \tag{4-17}$$

在应用上述固结度计算公式(4-17)时,应该注意固结理论的前提假设条件。另外,理论公式中没有考虑土层的涂抹作用和井阻作用的影响,实际上土层的涂抹作用和砂井的井阻作用对径向固结均有一定影响。

上述计算模型是假定砂井贯穿整个受压土层,这种情况对于土层的固结是有利的。但实际工程中如果土层很厚,砂井要打穿整个压缩土层是有困难的,往往砂井并不打穿整个受压土层,其固结度的计算模型如图 4-8 所示。

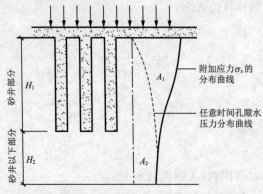

附加应力 σ_z 的分布曲线

任意时间孔隙水压力分布曲线

图 4-8　砂井未打穿受压土层固结度计算模型

砂井未打穿受压土层平均固结度的计算采用式(4-18):

$$U = QU_{rz} + (1 - Q)U_z \qquad (4\text{-}18)$$

式中　U_{rz}——打入砂井部分土层的平均固结度,%;

　　　U_z——砂井以下部分土层的竖向排水平均固结度(将砂井底平面作为排水面),%;

　　　Q——计算系数,由式(4-19)或式(4-20)计算得到:

$$Q = \frac{A_1}{A_1 + A_2} \qquad (4\text{-}19)$$

或

$$Q = \frac{H_1}{H_1 + H_2} \quad \text{(起始孔隙水压力不随深度变化)} \qquad (4\text{-}20)$$

式中　A_1——打入砂井部分土层起始孔隙水压力分布曲线所包围的面积(取附加压力 σ_z 分布曲线包围的面积),m^2;

　　　A_2——砂井以下土层起始孔隙水压力分布曲线所包围的面积(取任意时间孔隙水压力分布曲线包围的面积),m^2;

　　　H_1——砂井部分土层厚度,m;

　　　H_2——砂井以下压缩层范围内土层厚度,m。

(2) 多级逐渐加荷条件下砂井地基固结度的计算。

在实际工程中,堆载预压地基处理为保证施工过程中地基的稳定性,其荷载多为分级逐渐施加的,如图 4-9 所示,上述一次瞬间施加荷载得到的固结时间关系需要加以修正。

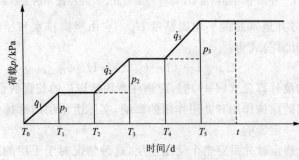

图 4-9　多级等速加荷过程

在多级等速加荷条件下，改进的太沙基法可归纳为以下计算公式，即

$$U'_t = \sum_{i=1}^{n} U_{rz}\left(t - \frac{t_i + t_{i-1}}{2}\right)\frac{\Delta p_i}{\sum \Delta p} \tag{4-21}$$

式中　U'_t——多级等速加荷，t 时刻修正后的平均固结度，%；

　　　　U_{rz}——瞬间加荷条件的平均固结度，%；

　　　　t_{i-1}，t_i——每级等速加荷的起点和终点时间（从时间 T_0 点起算，d），当计算某一级荷载加荷期间 t 时刻的固结度时，则 t_n 为 t；

　　　　Δp_n——第 n 级荷载增量，如果计算加荷过程中某一时刻 t 的固结度时，则用该时刻相对应的荷载增量，kPa。

1955 年，日本高木俊介针对任意变速加荷情况，提出了固结度计算方法。当 $0 < t < T$ 时，对于 t 时刻以前各荷载增量而言的固结度为：

$$U'_t = \frac{1}{p}\int_0^t U_{(t-\tau)}\dot{q}_\tau \mathrm{d}\tau \tag{4-22}$$

当 $t > T$ 时，对 $\overline{P}$（最终荷载）而言的固结度为：

$$U'_t = \frac{1}{\overline{P}}\int_0^T U_{(t-\tau)}\dot{q}_\tau \mathrm{d}\tau \tag{4-23}$$

式中　$U_{(t-\tau)}$——瞬间加荷固结度理论解，%；

　　　　$\dot{q}_\tau$——任意时刻 τ 时的加荷速率，kPa/d；

　　　　T——加荷终点时间，d。

曾国熙于 1975 年对高木俊介方法进行了改进，考虑了竖向排水固结度 U_z 和径向排水固结度 U_r，并采用固结度理论解的普遍式，即

$$U = 1 - \alpha e^{-\beta t} \tag{4-24}$$

将式(4-24)代入式(4-22)和式(4-23)中，积分得到变速加荷条件下的固结度计算式，进而在多级等速加荷条件下修正后的对总荷载 $\sum \Delta p$ 而言的固结度可归纳为下面计算公式，即

$$U'_t = \sum_{i=1}^{n} \frac{\dot{q}_i}{\sum \Delta p}\left[(T_i - T_{i-1}) - \frac{\alpha}{\beta}e^{-\beta t}\left(e^{\beta T_i} - e^{\beta T_{i-1}}\right)\right] \tag{4-25}$$

式中　U'_t——t 时刻多级等速加荷修正后的地基平均固结度，%；

　　　　$\dot{q}_i$——第 i 级荷载的加荷速率，kPa/d；

　　　　$\sum \Delta p$——各级荷载的累加值，kPa；

　　　　T_{i-1}，T_i——第 i 级等速加荷的起点和终点时间（从 T_0 点起算，d），当计算第 i 级荷载加荷期间 t 时刻的固结度时，则 T_i 改为 t；

　　　　α，β——参数，根据地基土排水固结条件按表 4-1 采用，对竖井地基，表 4-1 中所列 β 为不考虑涂抹和井阻影响的参数。

特别注意，当排水竖井（砂井）采用挤土方式施工时，应考虑涂抹对土体固结的影响。当竖井的纵向通水量 q_w 与天然土层水平向渗透系数 k_h 的比值较小，且长度又较长时，尚应考虑井阻影响。

对于一级或多级等速加载条件下，考虑涂抹和井阻影响时，竖井地基径向排水平均固结

度可按式(4-25)计算,但 α,β 参数取值如下:

$$\alpha = \frac{8}{\pi^2} \tag{4-26}$$

$$\beta = \frac{8C_h}{Fd_e^2} + \frac{\pi^2 C_v}{4H^2} \tag{4-27}$$

表 4-1　α、β 参数的取值

参　数	排水固结条件			说　明
	竖向排水固结度 $U_z > 30\%$	向内径向排水固结	竖向和向内径向排水固结(竖井穿透受压土层)	
α	$\dfrac{8}{\pi^2}$	1	$\dfrac{8}{\pi^2}$	$F(n) = \dfrac{n^2}{n^2-1}\ln n - \dfrac{3n^2-1}{4n^2}$ C_h——径向排水固结系数,cm^2/s; C_v——竖向排水固结系数,cm^2/s; H——竖向排水距离,cm; U_z——双面排水土层或固结应力均匀分布的单面排水土层竖向平均固结度,%
β	$\dfrac{\pi^2 C_v}{4H^2}$	$\dfrac{8C_h}{F(n)d_e^2}$	$\dfrac{8C_h}{F(n)d_e^2} + \dfrac{\pi^2 C_v}{4H^2}$	

5)地基土的强度增长计算

在荷载作用下地基土体产生排水固结。在固结过程中,土体中超孔隙水压力消散,有效应力增大,地基土体抗剪强度提高。同时还应看到,在荷载作用下,地基土体会产生蠕变。土体在发生蠕变时,可能导致土体抗剪强度衰减。因此,在荷载作用下,地基中土体某时刻的抗剪强度 τ_f 可以表示为:

$$\tau_f = \tau_{f0} + \Delta\tau_{fc} - \Delta\tau_{ft} \tag{4-28}$$

式中　τ_{f0}——地基中某点初始抗剪强度,kPa;

　　　$\Delta\tau_{fc}$——由于排水固结而增长的抗剪强度增量,kPa;

　　　$\Delta\tau_{ft}$——由于土体蠕变引起的抗剪强度减小量,kPa。

考虑到由于蠕变引起的抗剪强度减小量 $\Delta\tau_{ft}$ 尚难计算,曾国熙(1975)建议将式(4-28)改写为:

$$\tau_f = \eta(\tau_{f0} + \Delta\tau_{fc}) \tag{4-29}$$

式中　η——考虑土体蠕变及其他因素对土体抗剪强度的折减系数,并建议在软黏土地基工程设计中取 $\eta = 0.75 \sim 0.90$。

对正常固结黏土,采用有效应力指标表示的抗剪强度表达式为:

$$\tau_f = \sigma' \tan\varphi' \tag{4-30}$$

式中　φ'——土体有效内摩擦角,(°);

　　　σ'——剪切面上法向有效应力,kPa。

由图 4-10 可以看到,剪切面上法向应力 σ' 可用最大有效主应力 σ_1' 表示,其关系式为:

$$\sigma' = \frac{\cos^2\varphi'}{1+\sin\varphi'}\sigma_1' \tag{4-31}$$

由式(4-30)可以得到：由土体固结产生的有效应力增量 $\Delta\sigma_1'$ 引起土体抗剪强度增量表达式为：

$$\Delta\tau_{fc} = \Delta\sigma_1' \tan\varphi' \qquad (4\text{-}32)$$

结合式(4-31)和式(4-32)，可得：

$$\Delta\tau_{fc} = \frac{\cos^2\varphi'}{1+\sin\varphi'}\sigma_1' = K\Delta\sigma_1' \qquad (4\text{-}33)$$

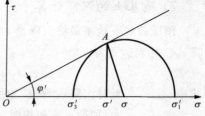

图 4-10　饱和黏性土固结强度

设在预压荷载作用下，地基中某点总主应力增量为 $\Delta\sigma_1$。当该点土体固结度为 U 时，土体中相应的有效主应力增量 $\Delta\sigma_1'$ 为：

$$\Delta\sigma_1' = \Delta\sigma_1 - \Delta u = U\Delta\sigma_1 \qquad (4\text{-}34)$$

式中　Δu——土体中超孔隙水压力增量，kPa。

结合式(4-29)、式(4-33)和式(4-34)，可得：

$$\tau_f = \eta\left[\tau_{f0} + K(\Delta\sigma_1 - \Delta u)\right] = \eta(\tau_{f0} + KU\Delta\sigma_1) \qquad (4\text{-}35)$$

式中　K——土体有效内摩擦角的函数，$K = \dfrac{\sin\varphi'\cos\varphi'}{1+\sin\varphi'}$；

　　　U——地基中某点固结度，为简便计算，常用平均固结度代替，%；

　　　$\Delta\sigma_1$——荷载引起的地基中某点最大主应力增量，可按弹性理论计算，kPa；

　　　Δu——荷载引起的地基中某点超孔隙水压力增量，kPa。

6）稳定分析

稳定分析是路堤、土坝以及岸坡等以稳定为控制条件的工程设计中的一项重要内容。对预压工程，在加荷预压过程中，每级荷载下地基的稳定性也必须进行验算以保证工程安全、经济、合理，并达到顶期的效果。通过稳定性分析可解决以下问题：① 地基在天然抗剪强度条件下的最大堆载；② 预压过程中各级荷载条件下地基的稳定性；③ 最大许可预压荷载；④ 理想的堆载方案。

在软黏土地基上筑堤、坝或进行堆载预压，其破坏往往是由于地基的不稳定引起的。当软土层较厚时，滑裂面近似的为一圆筒面，而且切入地面以下一定深度，对于砂土地基或含有较多薄粉砂夹层的黏土地基，由于具有良好的排水条件，在进行稳定性分析时应考虑地基在填土等荷载作用下会产生固结而使土的强度提高。

稳定分析中的安全系数可根据工程具体情况而定，《港口工程技术规范》给出的安全系数为 1.0～1.5（见表 4-2）。

表 4-2　抗滑稳定的容许安全系数

抗剪强度指标	强度增长	允许安全系数	抗剪强度指标	强度增长	允许安全系数
固结快剪	堆载引起的强度增长视具体情况采用	1.1～1.3	十字剪切板	计入因土层固结引起的强度增长	1.1～1.3
有效剪	—	1.3～1.5	快剪	计入因土层固结引起的强度增长；一般建筑物可按经验将计算得到的安全系数提高 10%	1.0～1.2

7) 地基土的沉降计算

预压荷载下地基最终沉降量 s_∞ 由三部分组成,即瞬时沉降 s_d、固结沉降 s_c 和次固结沉降 s_0。其表达式为:

$$s_\infty = s_d + s_c + s_0 \tag{4-36}$$

式中　s_d——瞬时沉降(指荷载施加后立即发生的沉降量,是由剪切变形引起的,当荷载较大、加荷速率较快时,s_d 较大),m;

　　　s_c——固结沉降(指地基排水固结所引起的沉降,是地基沉降中最为主要的部分),m;

　　　s_0——次固结沉降(指土骨架在持续荷载作用下发生蠕变而引起的沉降,一般地,泥炭土、有机质土或高塑性黏土层所占比例较大,而其他土所占比例不大),m。

固结沉降 s_c 可采用分层总和法计算,即

$$s_c = \sum_{i=1}^{n} \frac{e_{0i} - e_{1i}}{1 + e_{0i}} \Delta h_i \tag{4-37}$$

式中　s_c——压缩固结沉降量,m;

　　　e_{0i}——第 i 层中点土自重应力所对应的孔隙比,由室内固结试验 $e\text{-}p$ 曲线查得;

　　　e_{1i}——第 i 层中点土自重应力与附加应力之和所对应的孔隙比,由室内固结试验曲线 $e\text{-}p$ 查得;

　　　Δh_i——第 i 层土层厚度,m。

瞬时沉降 s_d 的计算采用弹性理论公式。在荷载比较大、加荷速率比较快的情况下,地基中容易产生局部塑性区或侧向变形,由此引起的瞬时沉降占总沉降的比例较大,计算时不可忽视。当黏土地基厚度很大,作用于其上的圆形或矩形面积上的压力为均布时,s_d 可按式(4-38)计算,即

$$s_d = C_d pb \left(\frac{1 - \mu^2}{E} \right) \tag{4-38}$$

式中　p——均布荷载,kN/m²;

　　　b——荷载面积的直径或宽度,m;

　　　C_d——考虑荷载面积形状和沉降计算点位置的系数,见表 4-3;

　　　E,μ——土的弹性模量和泊松比。

对于黏性土地基为有限厚度(如厚度为 H),下卧层为基岩等刚性底层的情况,式(4-38)中 C_d 改用表 4-4 的数值。

次固结沉降 s_0 根据式(4-39)计算:

$$s_0 = \sum_{i=1}^{n} \left(h C_0 \lg \frac{t}{t^*} \right) i \tag{4-39}$$

式中　C_0——次固结系数,见表 4-5,cm²/s;

　　　t^*——主固结达到 100% 的时间,可根据 $e\text{-}\lg t$ 关系上拐点确定,d;

　　　t——固结时间(对于次固结而言,$t > t^*$),d;

　　　h——土层厚度,m。

如果在建筑物使用年限内,次固结沉降经判断可以忽略的话,则最终总沉降 s_∞ 可按下式计算,即

$$s_\infty = s_d + s_c \qquad (4\text{-}40)$$

表 4-3　半无限弹性体表面各种均布荷载面积上各点的 C_d 值

形　状	中心点	角点或边点	短边中点	长边中点	平　均
圆　形	1	0.64	0.64	0.64	0.85
圆形（刚性）	0.79	0.79	0.79	0.79	0.79
方　形	1.12	0.56	0.76	0.76	0.95
方形（刚性）	0.99	0.99	0.99	0.99	0.99
矩　形	—	—	—	—	—
长宽比	—	—	—	—	—
1.5	1.36	0.67	0.89	0.97	1.15
2	1.52	0.76	0.98	1.12	1.3
3	1.78	0.88	1.11	1.35	1.52
5	2.1	1.05	1.27	1.68	1.83
10	2.53	1.26	1.49	2.12	2.25
100	4	2	2.2	3.6	3.7
1 000	5.47	2.75	2.94	5.03	5.15
10 000	6.9	3.5	3.7	6.5	6.6

表 4-4　下卧层为刚性基岩的各种均布荷载面积中心点的 C_d 值

H/b	圆形（直径 $= b$）	矩　形						条　形 $l/b = \infty$
		$l/b = 1$	$l/b = 1.5$	$l/b = 2$	$l/b = 3$	$l/b = 5$	$l/b = 10$	
0.0	0.00	0.00	0.00	0.00	0.00	0.00	0.00	0.00
0.1	0.09	0.09	0.09	0.09	0.09	0.09	0.09	0.09
0.25	0.24	0.24	0.23	0.23	0.23	0.23	0.23	0.23
0.5	0.48	0.48	0.47	0.47	0.47	0.47	0.47	0.47
1.0	0.75	0.75	0.81	0.83	0.83	0.83	0.83	0.83
1.5	0.80	0.86	0.97	1.03	1.07	1.08	1.08	1.08
2.5	0.88	0.97	1.12	1.22	1.33	1.39	1.40	1.39
3.5	0.91	1.01	1.19	1.31	1.45	1.56	1.59	1.60
5.0	0.94	1.05	1.24	1.38	1.55	1.72	1.82	1.83
∞	1.00	1.12	1.36	1.52	1.78	2.10	2.53	∞

表 4-5　次固结系数 C_0 的取值

土　类	正常固结黏土			正常固结冲积黏土		超固结黏土（超固结比 > 2)	泥　炭
	有机质含量/%						0.02~0.10
	0	9	17	1	5		
C_0	0.04	0.008	0.02	0.001	0.003	—	

在实际工程中,常采用经验算法,它考虑了地基剪切变形及其他因素的综合影响,以固结沉降量 s_c 为基准,用经验系数 ξ 予以修正,得到预压地基的最终沉降量。《建筑地基处理技术规范》(JGJ 79—2012)规定,预压荷载下地基的最终竖向变形量可按下式计算:

$$s_f = \xi \sum_{i=1}^{n} \frac{e_{0i} - e_{1i}}{1 + e_{0i}} h_i \tag{4-41}$$

式中　s_f——最终竖向变形量,m;

　　　e_{0i}——第 i 层中点土自重应力所对应的孔隙比,由室内固结试验 e-p 曲线查得;

　　　e_{1i}——第 i 层中点土自重应力与附加应力之和所对应的孔隙比,由室内固结试验 e-p 曲线查得;

　　　h_i——第 i 层土层厚度,m;

　　　ξ——经验系数,对正常固结饱和黏性土地基可取 $\xi = 1.1 \sim 1.4$,荷载较大、地基土较软弱时取较大值,否则取较小值。

变形计算时,可取附加应力与土自重应力的比值为 0.1 的深度作为受压层的计算深度。

4.3.2　真空预压法设计与计算

真空预压法是在需要加固的软黏土地基内设置竖向排水体(如砂井或塑料排水板等),然后在地面铺设砂垫层,并将不透气的密封膜覆盖于砂垫层上,使膜下土体抽成真空,产生负压荷载作用于地基土,由此达到排水固结的目的。图 4-11 为砂井地基固结度计算模型的示意图。

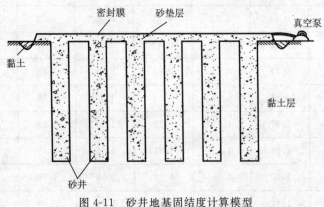

图 4-11　砂井地基固结度计算模型

真空预压法的设计与计算内容包括：竖向排水体的断面尺寸、间距、排列方式和深度的选择；预压区面积和分块大小；真空预压工艺；要求达到的真空度和土层的固结度；真空预压和建筑物荷载下地基的变形计算；真空预压后地基土的强度增长计算等。

竖向排水体的尺寸、间距、排列方式和深度的确定可参照堆载预压法。砂井的砂料应选用中粗砂，其渗透系数应大于 1×10^{-2} cm/s。真空预压区边缘应大于建筑物基础轮廓线，每边增加量不小于 3 m，每块顶压面积尽可能大且呈方形。工程实践表明，真空预压效果和密封膜内所能达到的真空度关系极大。当采用合理的施工工艺和设备，膜内真空度一般都能维持在 600 mmHg（mmHg 为非法定单位，1 mmHg = 133.322 Pa）左右，相当于 80 kPa 的真空压力，一般可作为最大膜内设计真空度。《建筑地基处理技术规范》(JGJ 79—2012)规定，真空预压的膜下真空度应稳定地保持在 650 mmHg 以上，且应均匀分布。

地基土的固结度计算、强度增长计算、变形计算可参照堆载预压法。按照《建筑地基处理技术规范》(JGJ 79—2012)规定，竖向排水体深度范围内土层的平均固结度应大于 90%。最终竖向变形计算中的经验系数 ξ 可取 0.8~0.9。

由于真空预压法是在地基中产生等向负压力而使土层固结，地基剪应力不增加。因此，地基不会产生剪切破坏，对软弱黏土层是很有利的。

一般工程都能达到 80 kPa 左右的真空压力，对于荷载较大，或建筑物的荷载超过真空预压的压力，且建筑物对地基变形有严格要求时，可采用真空-堆载联合预压法，其总压力宜超过建筑物的荷载。

需要说明的是，真空预压法适用于一般软黏土地基，但对于表层存在良好的透气层或在处理范围内有充足水源补给的透水层时，应采取有效措施隔断透气层或透水层。对于复杂条件地基，应通过试验确定工程设计参数。

4.4　施工方法

4.4.1　堆载预压施工方法

排水固结法广泛应用于我国沿海平原和内陆湖泊沉积地区的软土地基加固，并积累了丰富的施工经验。排水固结法施工工艺分为水平排水体的施工、竖向排水体的施工和加压系统的施工。

1）水平排水体施工

水平排水体的作用是在预压过程中，作为土体渗流水的快速排出通道，加快土层的排水固结，它与竖向排水体相连，又称为排水砂垫层。铺设水平排水垫层的目的是：① 连通排水体，把土体中渗出的水迅速排出，同时防止土颗粒堵塞排水通道；② 对软黏土地基起持力层的作用。

砂垫层的砂料应保证较好的透水性，一般选用中粗砂，黏粒含量不宜大于 3%，无杂质和有机质混入，其渗透系数宜大于 1×10^{-2} cm/s。排水砂垫层的厚度首先要满足及时排水的要求，起持力层的作用时规范要求其厚度不应小于 500 mm。

排水砂垫层的施工方法根据建筑场地的地基土条件而定，主要有如下几种情况和相应施工方法,如表 4-6 所示。

表 4-6　地基土条件与砂垫层施工方法

地基土条件	施工方法	备 注
软土地基 具有硬壳层	① 机械分堆摊铺法(硬壳层承载力较好); ② 顺序推进摊铺法(硬壳层承载力较差)	—
软土地基 表面较软	地基表面首先铺设加强筋,如荆笆、塑料编织网、土工织物等,然后采用轻型机械铺砂	见图 4-12
超软地基	① 地基表面首先铺设加强筋,如荆笆、塑料编织网、土工织物等,然后人力顺序推进铺设,或皮带运输机传送回垫; ② 水力泵输砂铺垫法(水力冲填)	见图 4-13

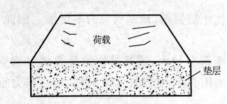

图 4-12　铺设加强筋和砂垫层

图 4-13　皮带机传送回垫

2)竖向排水体施工

常见的竖向排水体包括:普通砂井、袋装砂井和塑料排水带(板)。普通砂井的直径一般为 300~500 mm,袋装砂井的直径一般为 70~120 mm,塑料排水带(板)的宽度多为 100 mm 左右,厚度为 3~7 mm。

(1)普通砂井施工工艺。

普通砂井的施工方法主要有沉管法、水冲法和钻孔法。三种施工方法各有其特点、适用条件和问题,在选用砂井施工工艺时,应根据待加固软土地基的工程地质条件和施工环境以及本地区的工程经验正确选用。施工时应注意以下问题:① 砂井的砂料应选用中粗砂,其黏粒含量不应大于 3%。② 保证砂井连续、密实,防止出现颈缩现象。砂井的灌砂量,应按井孔的体积和砂在中密状态时的干密度计算,其实际灌砂量不得小于计算值的 95%。灌入砂袋中的砂宜用干砂,并应灌制密实。③ 施工时尽量减小对周围土的扰动。④ 施工后砂井的长度、直径和间距应满足设计要求。

① 沉管。

根据沉管工艺的不同,可分为静压沉管法、锤击沉管法、锤击与静压联合沉管法和振动沉管法等。

a. 静压沉管法和锤击沉管法。它们通过静压力和锤击力的强制作用,将带有活瓣管尖或套有混凝土端靴的套管沉入加固地基的预定深度,其工作原理简单。施工时应注意保证砂井的连续性,避免提管时因砂的摩阻力将管内砂柱带上来,使砂井断开或缩颈,影响砂井排水效果。为了加快沉管速度和效果,一些工程还将静压法和锤击法联合起来,达到沉管的目的,称为锤击与静压联合沉管法。

　　b. 振动沉管法。以振动锤为动力,将振动锤与沉管刚性连接,形成一个振动体系。当启动振动锤时,锤内两组对称的偏心块通过齿轮控制做方向相反但同步的旋转运动,该运动所产生的离心水平分力相互抵消,但垂直分力方向相同并叠加,从而产生周期性的激振力,带动沉管上下振动。当沉管的振动频率和地基土的自振频率一致时,土体产生共振。在此共振作用下,土颗粒的强度急剧下降,呈现液化现象,土体对沉管表面的摩阻力和管底的端阻力大大降低,沉管在自重和附加荷载作用下沉入预定深度。然后,灌砂并振动提管形成砂井。采用该法施工的优点是有效地避免了管内砂随上拔套管而带出,保证了砂井的连续性和密实性,砂井质量好。

　　② 水冲法。

　　水冲法的基本做法是在直径为 50～70 mm 的冲管(一般为无缝钢管)下端装一个圆锥形射水喷头,喷头锥曲上钻有数个直径为 3～5 mm 的喷射孔,并焊有 3～5 个三角形翼片(或环形切刀),用以切土。在冲管上端设置水接头并用耐压胶管与高压水泵连接,冲孔时用配有卷扬机的三角架将冲管吊起,并使射水喷头插入预先挖好的孔坑内。开动高压水泵,高压水射出冲切孔底土体,冲管在自重作用下沉至设计深度。成孔后经清孔,再向孔内灌砂形成砂井,如图 4-14 所示。采用该法施工时,需要注意以下两点:一是控制好冲孔时水压力大小和冲水时间,避免产生塌孔、缩径,同时应避免不同土层采用相同水压时所出现的成孔直径不同的现象发生;二是控制好孔内灌砂质量和排污问题。应保证砂井的灌砂率不小于计算的 95％,清孔时,孔内泥浆务必清洗干净,砂中含泥量增加会使砂井渗透系数降低,影响土层的排水固结效率。另外,该方法产生大量泥浆,泥浆排放疏导不利,将会对水平排水垫层带来不利影响,应采取合理的排污措施。

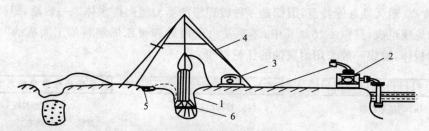

图 4-14　水冲法施工示意图
1—冲管;2—水泵;3—绞车;4—钻架;5—排水沟;6—喷头

　　水冲法成孔适用于土质较好且均匀的黏性土地基,但对于土质很软的淤泥,以及夹有粉砂薄层的软土地基,使用该法容易造成缩孔、串孔、地基扰动大等问题,不容易保证成孔和灌砂质量,应慎重采用。

　　③ 钻孔法。

　　该法以动力螺旋钻钻孔,钻至预定深度,清孔后灌砂形成砂井。由于为干法钻进施工,因此该法适用于陆上工程,一般要求处理地基的砂井长度在 10 m 以内,土层虽软但钻井过程中不应出现缩颈、塌孔等现象。

　　(2) 袋装砂井施工工艺。

　　普通砂井的井径较大、排水性良好、井阻和涂抹作用的影响也不明显,但容易造成砂井的不连续和缩颈现象。另外,施工速度较慢、工程量大、造价较高。袋装砂井则基本上克服了普通砂井所存在的问题,保证了砂井的连续性,砂用量大大减少,施工打设设备实现了轻型化,施工速度较快、工程造价降低,是一种比较理想的竖向排水体。

袋装砂井的施工设备,一般为导管式的振动打设机械,常见的有轨道门架式、履带臂架式、步履臂架式、吊机导架式等。国内采用的砂袋主要有麻布袋和聚丙烯编织袋。

袋装砂井的施工程序包括:定位→整理桩尖(活瓣桩尖、混凝土预制桩尖)→沉入导管→砂袋装入导管→管内灌水(减少砂袋与管壁的摩擦力)→拔管→与砂垫层连接。

袋装砂井施工应注意以下问题:

① 准确定位,导架上设置明显标志,准确控制砂井的深度和垂直度。垂直度允许偏差为 1.5 cm/m,砂袋顶端高出地面,外露长度 30 cm。

② 砂料含泥量要符合要求,一般含泥量要求小于 3%,以减小井阻效应。

③ 袋中砂宜用风干砂,不宜采用潮湿砂,以免袋内砂干燥后,体积减小,造成袋装砂井缩短与排水垫层不搭接等质量事故。砂袋灌砂率要求大于 95%。

④ 砂袋入井下沉时,防止发生扭曲、挂破和断裂,套管上拔时及时向袋内补灌砂土至设计高度。

⑤ 袋装砂井施工所用套管内径宜略大于砂井直径。聚丙烯编织袋应避免长时间裸晒,防止老化。

⑥ 施工中确保桩尖与导管口密封良好,避免导管内进泥过多,影响加固深度。在顶端,确保砂袋埋入砂垫层中的长度不应小于 500 mm。

(3) 塑料排水板(带)施工工艺。

塑料板排水法起源于瑞典的纸板排水法,我国于 1983 年由华东水利学院、交通部第一航务工程局科研所、天津港务局等单位引进并推广应用。由于塑料排水板具有排水畅通、质量轻、强度高、耐久性好等特点,因而是一种较理想的新型竖向排水体。一般地,塑料排水板由芯板和滤膜组成,见图 4-15。其中,芯板是由聚丙烯和聚乙烯塑料加工而成的两面有间隔沟槽的板体,滤膜一般采用耐腐蚀的涤纶衬布。

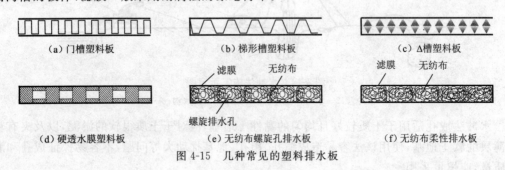

(a)门槽塑料板　　　　(b)梯形槽塑料板　　　　(c)Δ槽塑料板

(d)硬透水膜塑料板　　(e)无纺布螺旋孔排水板　　(f)无纺布柔性排水板

图 4-15　几种常见的塑料排水板

塑料排水板的打设机械与袋装砂井的打设机械可通用,只是将圆形导管改为矩形导管,一些常见的打设机性能见表 4-7。塑料排水板的打设顺序为:定位→将塑料板通过导管从管靴穿出→将塑料板与桩尖连接贴紧管靴并对准桩位→插入塑料板→拔管剪断塑料板。

塑料排水板(带)施工中应注意以下几点:

① 塑料排水板(带)的性能指标必须符合设计要求。塑料排水板(带)在现场应妥加保护,防止阳光照射、破损或污染,破损或污染的塑料排水板(带)不得在工程中使用。

② 塑料板(带)与桩尖连接要牢固,避免提管时脱开,将塑料板(带)带出。

③ 套管尖平端与导管靴配合要适当,避免错缝,防止淤泥在打设过程中进入导管、增大

对塑料板(带)的阻力,甚至将塑料板带出。

④ 塑料排水板(带)施工时,宜配置能检测其深度的设备。要求平面井距偏差不应大于井径,垂直度偏差不应大于 1.5%,深度不得小于设计要求。

⑤ 塑料排水板(带)施工所用套管应保证插入地基中的板带不扭曲。塑料排水板(带)需要接长时,应采用滤膜内芯带平搭接的连接方法,搭接长度宜大于 200 mm。塑料排水板(带)埋入砂垫层中的长度不应小于 500 mm。

表 4-7 常见打设机性能

打设机型号	用途	行进方式	套管驱动方式	整机质量/t	整机外形尺寸 长×宽×高 /(m×m×m)	接地压力/kPa	打设深度/m	打设效率/(m·台班⁻¹)
RC-110	打设塑料板和袋装砂井	履带	链条静压式	12.99	—	10.98	10.5	—
SM-1500A	打设塑料板和袋装砂井	浮箱履带	振动式	81.6	—	29	20	—
QDS22	打设塑料板和袋装砂井	轨道式	振动式	12	8×6.35×26	15	22	1 500
IJB-16	打设塑料板和袋装砂井	步履式	振动式	15	7.6×5.3×15	50	10	1 000
SSD-20	打设塑料板和袋装砂井	履带	振动式	34	12×12.75×26.6	10	20	1 500
ZM-19 门架式	打设塑料板和袋装砂井	轨道	振动式	18	9×8×23	23	20	1 000
浮箱式	打设塑料板和袋装砂井	履带浮箱	振动式	32	10×6×22	14.7	21.7	2 000

3) 预压荷载的施工

(1) 堆载预压。

堆载预压是利用天然地基土层本身的透水性质,通过一定堆载预压荷载,使孔隙水排出而减少施工后沉降和不均匀沉降的目的。堆载预压的材料一般以散料为主,如石料、砂、砖等。大面积施工时通常采用自卸汽车与推土机联合作业。对超软地基的堆载预压,第一级荷载宜用轻型机械作业或人工作业。

施工时应注意以下几点:

① 堆载面积要足够大。堆载的顶面积不小于建(构)筑物底面积。堆载的底面积也应适当扩大,以保证建(构)筑物范围内的地基得到均匀加固。

② 堆载要求严格控制加荷速率,以保证在各级荷载下地基的稳定性,同时要避免部分堆载过高而引起地基的局部破坏。

③ 对超软黏性土地基,荷载的大小、施工工艺更要精心设计,以避免对土的扰动和

破坏。

(2) 利用建(构)筑物自重加压。

利用建(构)筑物本身重量对地基加压是一种广泛使用且行之有效的方法。此法一般应用于以地基的稳定性为控制条件,能适应较大变形的建(构)筑物,如路堤、土坝、储矿场、油罐、水池等。特别是对油罐或水池等建(构)筑物,先进行充水加压,一方面可检验罐壁本身有无渗漏现象,同时,利用分级逐渐充水预压,可使地基土强度得以提高,满足稳定性要求。对路堤、土坝等建(构)筑物,由于填土高、荷载大,地基的强度不能满足快速填筑的要求,故工程上都采用严格控制加荷速率、逐层填筑的方法,以确保地基的稳定性。

利用建(构)筑物自重预压处理地基,应考虑给建(构)筑物预留沉降高度,保证建(构)筑物预压后其标高满足设计要求。

在处理油罐等容器地基时,应保证地基沉降的均匀度,保证罐基中心和四周的沉降差异在设计许可范围内,否则应分析原因,在沉降时采取措施进行纠偏。

4.4.2 真空预压施工方法

真空预压法理论源于 1952 年瑞典皇家地质学家杰尔曼教授在美国土体加固会议上提出的"利用大气加固黏土"的说法。此后,国际上许多专家学者做了一系列研究,随着设备技术的改进,预压效果逐渐提高。

1) 加固区划分

加固区划分是真空预压施工的重要环节,理论计算结果和实际加固效果均表明,每块真空预压加固场地的面积宜大不宜小。目前国内单块真空预压面积已达 30 000 m²。但如果受施工能力或场地条件限制,需要把场地划分成几个加固区域,分期加固,则划分区域时要考虑以下几个因素:

(1) 按建(构)筑物分布情况,应确保每个建(构)筑物位于一块加固区域之内,建筑边线距加固区有效边线的距离,根据地基加固厚度可取 2~4 m 或更大些。应避免建(构)筑物横过两块加固区的分界线,否则将会由于两块加固区分界区域的加固效果差异而导致建(构)筑物发生不均匀沉降。

(2) 应考虑竖向排水体打设能力、加工大面积密封膜的能力、大面积铺膜的能力和经验,以及射流装置和滤管的数量等方面的综合指数。

(3) 在风力很大地区施工时,应在可能情况下适当减小加固区面积。

(4) 应以满足建筑工期要求为依据,一般加固面积以 6 000~10 000 m² 为宜。

(5) 加固区之间的距离应尽量减小或者共用一条封闭沟。

2) 工艺设备

抽真空工艺设备包括真空源和一套膜内、膜外管路。真空源目前国内大多采用射流真空装置,射流真空装置由射流箱和离心泵组成(见图 4-16)。膜外管路由连接着射流装置的回阀、

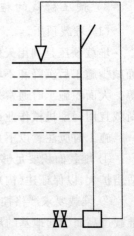

图 4-16 射流真空装置示意图

截水阀、管路组成。膜内水平排水滤管,目前常用 ϕ(60~70) mm 的铁管或硬质塑料管。滤水管的排距 l 一般为 6~10 m,最外层滤水管距场地边的距离为 2~5 m。

滤水管之间的连接采用软连接,以适应场地沉降。滤水管埋设在水平排水砂垫层的中部,其上应有 0.10~0.20 m 砂覆盖层,防止滤水管上尖利物体刺破密封膜。为了使水平排水滤管标准化并能适应地基沉降变形,滤水管一般加工成 5 m 长的一根;滤水部分钻有直径为 8~10 mm 的滤水孔,孔距 5 cm,三角形排列;滤水管外绕直径为 3 mm 的铅丝(圈距 5 cm),外包一层尼龙窗纱布,再包滤水材料构成滤水层。目前常用的滤水层材料为土工聚合物,其性能见表 4-8。抽真空装置的布置视加固面积和射流装置的能力而定,一套高质量的抽真空装置在施工初期可负担 1 000~1 200 m² 的加固面积,后期可负担 1 500~2 000 m² 的加固面积。抽真空装置设置数量,应以始终保持密封膜内高真空度为原则。膜下真空值一般要求大于 80 kPa。

表 4-8　常用滤水层材料性能表

项　目		参考数值
渗透参数/(cm·s⁻¹)		$2.0 \times 10^{-3} \sim 4 \times 10^{-4}$
抗拉强度 /(N·cm⁻¹)	干　态	20~44
	湿　态	15~30
隔土性/mm		<0.075

3) 密封系统

密封系统由密封膜、密封沟和辅助密封措施组成。一般选用聚乙烯或聚氯乙烯薄膜,塑料膜经过热合加工才能成为密封膜,热合时每幅塑料膜可以水平搭接,也可立缝搭接,搭接长度以 1.5~2.0 cm 为宜。热合时根据塑料膜的材质、厚度确定热合温度、刀的压力和热合时间,其性能见表 4-9。加工好的密封膜面积要大于加固场地面积,一般要求每边应大于加固区相应边 2~4 m。为了保证整个预压过程中的密实性,塑料膜一般宜铺设 2~3 层,每层膜铺好后应检查和黏补漏处。膜周边的密封可采用挖沟折铺膜(见图 4-17),在地基土颗粒细密、含水量较大、地下水位浅的地区采用平铺膜(见图 4-18)。

密封沟的截面尺寸应视具体情况而定,密封膜与密封沟内坡密封性好的黏土接触,其长度 a 一般为 1.3~1.5 m,密封沟的密封长度 b 应大于 0.8 m,保证周边密封膜上足够的覆土厚度和压力。由于某些原因,密封膜和密封沟发生漏气现象时,施工中必须采用辅助密封措施,如膜上沟内同时覆水、封闭式板桩墙或封闭式板桩墙内覆水等。如果密封沟底或两侧有碎石或砂层等渗透性好的夹层存在,应将该夹层挖除干净,回填 40 cm 厚的软土。

表 4-9　密封膜性能表

抗拉强度/MPa		伸长率/%		直角断裂强度 /MPa	厚度 /mm	微孔 /个
纵　向	横　向	断　裂	低　温			
≥18.5	≥16.5	≥220	20~45	≥4.0	0.12±0.02	≤10

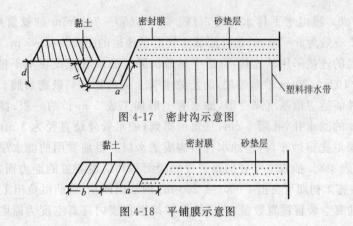

图 4-17　密封沟示意图

图 4-18　平铺膜示意图

4）抽气阶段施工要求与质量要求

（1）膜上覆水一般应在抽气后膜内真空度达 80 kPa，确认密封系统不存在问题时方可进行，这段时间一般为 7～10 d。

（2）保持射流箱内满水和低温，射流装置空载情况下均应超过 96 kPa。

（3）经常检查各项记录，发现异常现象，如膜内真空度值小于 80 kPa 等，应尽快分析原因并采取措施补救。

（4）冬季抽气，应避免过长时间停泵，否则，膜内、外管路会发生冰冻而堵塞，抽气很难进行。

（5）下料时，应根据不同季节预留塑料膜伸缩量；热合时，每幅塑料膜的拉力应基本相同。防止形状不正规密封膜的使用，以免不符合设计要求。

（6）在气温高的季节，加工完毕的密封膜应堆放在阴凉通风处；堆放时，给塑料膜之间适当撒放滑石粉；堆放的时间不能过长，以防止互相黏连。

（7）在铺设滤水管时，滤水管之间要连接牢固，选用合适的滤水层且包裹严实，避免抽气后进入射流装置。

（8）铺膜前，应用砂料把砂井填充密实；密封膜破裂后，可用砂料把井孔填充密实至砂垫层顶面，然后分层把密封膜黏牢，以防止砂井孔处下沉密封膜破裂。

（9）抽气阶段质量要求膜内真空度值大于 80 kPa；停止预压时，地基固结度要求大于 80%；预压的沉降稳定标准为连续 5 d，实测沉降速率不大于 2 mm/d。

在真空预压法的施工中，根据实测资料，得到以下结论：

（1）在大面积软基加固工程中，每块预压区面积尽可能大，因为这样可加快工程进度和消除更多的沉降量，目前采用最大的是 30 000 m²。

（2）两个预压区的间隔不宜过大，需根据工程要求和土质决定，一般以 2～6 m 较好。

（3）膜下管道在不降低真空度的条件下尽可能少，为减少费用可取消主管，全部采用滤管，由鱼刺形排列改为环形排列。

（4）砂井间距应根据土质情况和工期要求来定。当砂井间距从 1.3 m 增至 1.8 m 时，达到相同固结度所需时间增率与堆载预压法相同。

（5）当冬季的气温降至 -17 ℃时，对薄膜、管道、水泵、阀门及真空表等采取常规保温措施，即可照常作业。

（6）为了保证真空设备正常安全运行，便于操作管理和控制间歇抽气，从而节约能源，现已研制成微机检测和自动控制系统。

（7）直径 7 cm 的袋装砂井和塑料排水带都有较好的透水性能。实测表明，在同等条件下，达到相同固结度所需的时间接近。采用何种排水通道，主要由其造价和施工条件而定。

4.5　质量检验

排水固结法加固地基施工中经常进行的质量检验和检测项目有孔隙水压力观测、沉降观测、水平位移观测、真空度观测和地基土物理力学指标检测等。

4.5.1　现场检验

1）孔隙水压力观测

孔隙水压力现场观测时，可根据测点孔隙水压力-时间变化曲线反算土的固结系数，推算该点不同时间的固结度，从而推算强度增长，并确定下一级施加荷载的大小；根据孔隙水压力和荷载的关系曲线可判断该点是否达到屈服状态，因而可用来控制加荷速率，避免加荷过快而造成地基破坏。

目前常用钢弦式孔隙水压力计和双管式孔隙水压力计现场观测孔隙水压力。

在堆载预压工程中，一般在场地中央、载物坡顶处及载物坡脚处不同深度处设置孔隙水压力观测仪器，而真空预压工程则只需在场内设置若干个测孔。测孔中测点布置垂直距离为 1～2 m，不同土层也应设置测点，测孔的深度应大于待加固地基的深度。

2）沉降观测

沉降观测是地基工程中最基本最重要的观测项目之一。观测内容包括：荷载作用范围内地基的总沉降，荷载外地面沉降或隆起，分层沉降以及沉降速率等。

堆载预压工程的地面沉降标应沿场地对称轴线上设置，场地中心、坡顶、坡脚和场外 10 m 范围内均需设置地面沉降标，以掌握整个场地的沉降情况和场地周围地面隆起情况。

真空预压工程地面沉降标应在场内有规律地设置，各沉降标之间距离一般为 20～30 m，边界内外适当加密。

深层沉降一般用磁环或沉降观测仪在场地中心设置一个测孔，孔中测点位于各土层的顶部。

3）水平位移观测

水平位移观测包括边桩水平位移和沿深度的水平位移两部分。它是控制堆载预压加荷速率的重要手段之一。

真空预压的水平位移指向加固场地，不会造成加固地基的破坏。

地表水平位移标一般由木桩或混凝土制成，布置在预压场地的对称轴线上和场地边线不同距离处；深层水平位移则由测斜仪测定，测孔中测点距离为 1～2 m。

4）真空度观测

真空度观测内容有：真空管内真空度观测、膜下真空度观测和真空装置的工作状态观测。膜下真空度能反映整个场地"加载"的大小和均匀度。膜下真空度测头要求分布均匀，每个测头监控的预压面积为 1 000~2 000 m²；抽真空期间一般要求真空管内真空度值大于 90 kPa，膜下真空度值大于 80 kPa。

5）地基土物理力学指标检测

通过对比加固前后地基土物理力学指标，可更直观地反映出排水固结法加固地基的效果。现场观测的测试要求见表 4-10。

表 4-10   动态观测的测试要求

观测内容	观测目的	观测次数	备 注
沉 降	推算固结度，控制加荷速率	①.4 次/日； ②.2 次/日；③.1 次/日； ④.4 次/年	①—加荷期间，加荷后 1 星期内；②—加荷停止后第 2 个星期至 1 个月内；③—加荷停止 1 个月后；④—若软土层很厚，产生次固结情况
坡趾侧向位移	控制加荷速率	①、②.1 次/日；③.1 次/2 日	
孔隙水压	测定孔隙水压力增长和消散情况	①.8 次/昼夜；②.2 次/日；③.1 次/日	
地下水位	了解水位变化，计算孔隙水压力	1 次/日	

4.5.2　竣工质量检验

预压法竣工验收检验应符合下列规定：

（1）排水竖井处理深度范围内和竖井底面以下受压土层，经预压所完成的竖向变形和平均固结度应满足的设计要求。

（2）应对预压的地基土进行原位十字板剪切试验和室内土工试验。必要时，尚应进行现场载荷试验，试验数量不应少于 3 点。

4.6　工程实例

4.6.1　工程概况

某炼油厂位于浙江省境内，厂区大小油罐 60 余个，其中 10 000 m³ 的油罐 10 个，罐体采用钢制焊接固定拱顶的结构。10 000 m³ 的油罐直径 $D=31.28$ m，采用钢筋混凝土环形基础，环基高度取决于油罐沉降大小和使用要求，本设计环基高 $h=2.30$ m，其中填砂。罐区地基土属第四纪滨海相沉积的软黏土，土质十分软弱，而油罐基底压力达 191.4 kN/m²，所以油罐地基采用砂井并充水预压处理。

4.6.2　土层分析和各土层物理力学性质

场地地基土层自上而下分为以下几层：第一层为黄褐色粉质黏土硬壳层，超固结土，厚度在 1 m 左右;第二层为淤泥质黏土,厚度约为 3.20 m;第三层为淤泥质粉质黏土,其中夹有薄层粉砂,平均厚度为 4.0 m;第四层为淤泥质黏土,其中含有粉砂夹层,下部粉砂夹层逐渐增多而过渡到粉砂层,此层平均厚度为 9.30 m;第五层为粉、细、中砂混合层,其中以细砂为主并混有黏土,平均厚度为 8.0 m;第五层以下为黏土、粉质黏土及淤泥质黏土层,距地面 50.0 m 左右为厚砂层,基岩在 80 m 以下。各土层的物理力学性质指标见表 4-11。从土工试验资料来看,主要持力层土含水量高(超过液限),压缩性高,抗剪强度低。第三、四层由于含有薄砂层夹层,其水平向渗透系数大于竖向渗透系数,这对加速土层的排水固结是有利的。

表 4-11　各层土的主要物理力学性质指标

层　序		1	2	3	4	5	6	6	7	8
土层名称		粉质黏土	淤泥质黏土	淤泥质粉质黏土	淤泥质黏土	细粉中砂	粉质黏土	淤泥质黏土	黏　土	粉质黏土
含水量/%		31.3	46.7	39.1	50.2	30.1	32.3	41.2	44.4	32.4
容重/$(kN \cdot m^{-3})$		19.1	17.7	18.1	17.1	18.4	18.4	17.6	17.3	18.3
孔隙比		0.87	1.28	1.07	1.40	0.90	0.90	1.20	1.28	0.97
液限/%		34.7	40.4	33.1	41.4	23.5	29.9	41.0	46.7	33.8
塑限/%		19.3	21.3	19.0	21.3	16.3	17.9	21.3	25.3	20.7
塑性指数		15.5	19.1	14.1	20.1	7.2	11.1	19.7	21.4	13.1
液性指数		0.78	1.33	1.42	1.43	1.91	1.29	1.01	0.89	0.89
压缩系数/$(cm^2 \cdot kg^{-1})$		0.036	0.114	0.066	0.102	0.023	0.038	0.061	0.045	0.028
固结系数 /$(10^{-3} cm^2 \cdot s^{-1})$	竖向 C_v	1.57	1.12	3.40	0.81	—	3.82	—	—	—
	径向 C_h	1.82	0.91	4.81	3.15	—	6.28	—	—	—
三轴固结快剪	$c'/(kN \cdot m^{-2})$	—	0	11.4	0	—	—	—	—	—
	$\varphi'/(°)$	—	26.1	28.9	25.7	—	—	—	—	—
十字板强度 /$(kN \cdot m^{-2})$		—	17.5	24.8	41.0	—	—	—	—	—

4.6.3　砂井设计

砂井直径 40 cm、间距 2.5 m,采用等边三角形布置,井径比 n 为 6.6。考虑到地面下 17 m 处有粉细中砂层,为便于排水,砂井长度定为 18 m,砂井的范围一般比构筑物基础稍大为好,本工程基础外设两排砂井以利于基础外地基土强度的提高,减小侧向变形。砂井布置如图 4-19 所示。

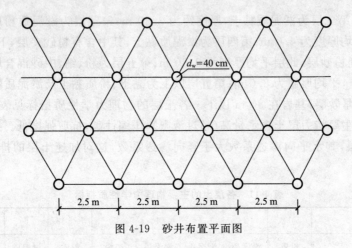

图 4-19　砂井布置平面图

4.6.4　砂井施工

本工程采用高压水冲法施工,即在普通钻机杆上接上喷水头,外面罩上一定直径的切土环刀,由高压水和切土环刀把泥浆泛出地面从排水沟排出,当孔内水含泥量较少时倒入砂而形成砂井。该法的优点是机具简单、成本低、对土的结构扰动小,缺点是砂井的含泥量较其他施工方法大。施工时场地上泥浆多,在铺砂垫层前必须进行清理。

4.6.5　效果评价

本工程进行了现场沉降观测和孔隙水压力观测。根据观测结果,从稳定方面看,在充水预压过程中,除个别测点外,孔隙水压力和沉降速率实测结果均未超过控制标准,罐外地面无隆起现象,说明在充水过程中地基是稳定的。从固结效果来看,当充水高度达罐顶后 30 d(即充水始后 110 d)孔隙水压力已经基本消散。放水前实测值已接近最终值,说明固结效果是显著的。因此,可认为该工程采用砂井充水预压在技术上效果是好的。

第 5 章

化学加固法

在地基加固中,除了用挤密、置换、排水固结、加筋、锚固等物理方法来改善土的性质和应力状态外,还可以使用化学和物理化学方法。化学加固法是利用水泥浆液、黏土浆液或其他化学浆液,通过压力灌注压入、机械搅拌或高压喷射等方式,使浆液与土颗粒胶结起来,以改善地基土的物理和力学性质的地基处理方法。

1802 年,法国工程师 Chrles Beriguy 在 Dieppe 采用黏土和水硬石灰浆灌注方法修复了一座受冲刷的水闸,这标志着灌浆法的创立。此后,这种方法逐步成为地基加固中一种广泛使用的方法。由于灌浆法的费用较高,所以只能局限于加固小范围的土体;但也可以用于其他地基加固方法不能解决的一些特殊工程问题,例如在托换工程中使用灌浆法。

目前,化学加固除了利用静压灌浆法外,还出现了混合搅拌法,包括水泥土搅拌法和高压喷射注浆法。虽然静压灌浆的施工工艺发展较早,应用范围也最为广泛,但是对于渗透系数较小的细砂、黏土等,仅仅依靠静压力灌浆难以使浆液注入土体的细小孔隙中,因而需要使用特殊的材料和技术。而高压喷射注浆法利用高压射水切削地基土,通过注浆管喷出浆液,就地将土和浆液进行搅拌混合,形成水泥土的加固体。灌浆法适用于松散土层,不受可灌性的限制,但在颗粒太大、砾石含量过多以及含纤维质的土层中采用该方法时灌浆的效果比较差。水泥土深层搅拌法是用特制的深层搅拌机械,在地基深处不断地旋转,同时将水泥或石灰等材料的浆体或粉体喷入,与软土就地强制搅拌混合,使软土硬结成具有整体性、水稳性和足够强度的地基土,这种方法适用于处理软黏土地基。本章将分别介绍高压喷射注浆法和水泥土深层搅拌法。

5.1 水泥土搅拌法

5.1.1 概 述

水泥土搅拌法是利用水泥等材料作为固化剂通过特制的搅拌机械,就地将软土和固化剂(浆液或粉体)强制搅拌,使软土硬结成具有整体性、水稳性和一定强度的水泥加固土,从而提高地基土承载力和增大变形模量。水泥土搅拌桩从施工工艺上可分为浆液搅拌法(简称湿法)和粉体搅拌法(简称干法)两种。

水泥土搅拌法加固软土技术具有独特优点:① 最大限度地利用了原土;② 搅拌时无振

动、噪声和污染,对周围原有建筑物及地下沟管影响很小;③ 根据上部结构的需要,可灵活地采用柱状、壁状、格栅状和块状等加固形式。

湿法常称为浆喷搅拌法,将一定配比的水泥浆注入土中搅拌成桩,国内于 1977 年由冶金部建筑研究总院和交通部水运规划设计院研制,1978 年生产出第一台深层搅拌机,并于 1980 年在上海宝山钢铁总厂软基加固中获得成功。该工艺是利用水泥浆作为固化剂,通过特制的深层搅拌机械,在加固深度内就地将软土和水泥浆充分拌和,使软土梗结成具有整体性、水稳定性和足够强度的水泥土的一种地基处理方法。

干法常称为粉体喷射搅拌法,1974 年日本研制出一类粉体搅拌桩即 DJM 法(Dry Jet Mixing 工法),它是深层搅拌加固技术的一种。1967 年瑞典 BPA 公司的 Kjeld Paus 先生提出了一种采用生石灰粉与原位软黏土搅拌形成石灰桩的软土加固法,即“石灰桩法”,它标志着粉体喷射搅拌技术的问世。1971 年瑞典的 Linden-Alimat 公司根据 Kjeld Paus 的研究成果,在现场用生石灰和软土搅拌制作了石灰桩,进行了第一次现场试验,1974 年正式取得专利并进入工程实用阶段,开创了粉喷技术的新时代。

国内自 1983 年铁四院应用该技术首先成功地用于铁路涵洞软土地基加固以来,经过多年的试验、研究和工程实践,粉体喷搅法已在港口、石油化工、市政、工业与民用建筑工程中得到大量应用,并取得了良好的技术经济效果。该工艺利用压缩空气通过固化材料供给机的特殊装置,携带着粉体固化材料,经过高压软管和搅拌轴输送到搅拌叶片的喷嘴喷出,借助搅拌叶片旋转,在叶片的背面产生空隙,安装在叶片背面的喷嘴将压缩空气连同粉体固化材料一起喷出,喷出的混合气体在空隙中压力急剧降低,促使固化材料就地黏附在旋转产生空隙的土中,旋转到半周,另一搅拌叶片把土与粉体固化材料搅拌混合在一起,与此同时,这只叶片背后的喷嘴将混合气体喷出,这样周而复始地搅拌、喷射、提升,与固化材料分离后的空气传递到搅拌轴的周围,上升到地面释放。

日本在 1967 年由运输部港湾技术研究所开始研究石灰搅拌施工机械,1974 年开始在软土地基加固工程中应用,且在施工技术上超越瑞典。日本研制了两种施工机械,形成两种施工方法:一类是使用颗粒状生石灰的深层石灰搅拌法,即 DLM 法(Deep Lime Mixing 法);另一类是喷射搅拌的粉体,且不限于石灰粉末,可使用水泥粉之类干燥的加固材料,称之为粉体喷射搅拌法,即 DJM。

由于 DJM 法使用的固化剂为干燥雾状粉体,不再向地基土中注入附加水分,所以它能充分吸收软土中的水,对含水量高的软土加固效果尤为显著,较其他加固方法输入的固化剂要少得多,不会出现地表隆起现象。同时,水泥粉等粉体加固料是通过专用设备,用压缩空气将粉体喷入地基土中,再通过机械的强制性搅拌将其与软土充分混合,使软土硬结,形成具有整体性较强、水稳性较好、一定强度的桩体,起到加固地基的作用。这种地基处理方法在施工过程中无振动、无污染,对周围环境无不良影响,近 20 年来在国外得到了广泛应用。

1983 年,铁四院引进了 DJM 技术,进行了设备研制和生产实践,1984 年在广东省云浮硫铁矿铁路专用线上的软土地基加固工程中率先使用,后来相继在武昌、连云港等用于下水道沟槽挡土墙和铁路涵洞软基加固,均获得良好效果。

实践证明:粉喷桩是一种具有很大推广价值的软土地基加固技术,这一技术已广泛应用于铁路、市政工程、工业民用建筑等的地基基础处理中。然而由于喷粉桩复合地基施工质量不易控制,近年来出现事故较多,上海、天津等地相继暂停了该项技术在工民建地基处理中的应用。粉体喷搅法加固软弱土层,其设计理论、施工控制技术一直存在争论,在使用时需加强过程控制。

5.1.2　加固机理

水泥土搅拌桩适用于处理正常固结的淤泥、淤泥质土、素填土、黏性土(软塑、可塑)、粉土(稍密、中密)、粉细砂(松散、中密)、中粗砂(松散、稍密)、饱和黄土等土层,不适用于处理含大孤石或障碍物较多且不易清除的杂填土、欠固结的淤泥和淤泥质土、硬塑及坚硬的黏性土、密实的砂类土,以及地下水渗流影响成桩质量的土层。当地基土的天然含水量小于30%(黄土含水量小于25%)时不宜采用粉体搅拌法。冬期施工时,应考虑负温对处理地基效果的影响。

根据室内试验,一般认为用水泥作为加固料,对含有高岭石、多水高岭石、蒙脱石等黏土矿物的软土加固效果较好;而对含有伊利石、氯化物和水铝石英等矿物的黏性土以及有机质含量高、pH 值较低的酸性土加固效果较差。

掺合料可以添加粉煤灰等。当黏土的塑性指数 I_p 大于 25 时,容易在搅拌头叶片上形成泥团,无法完成水泥土的拌和。当地基土的天然含水量小于 30% 时,由于不能保证水泥充分水化,故不宜采用干法。

在某些地区的地下水中含有大量硫酸盐(海水渗入地区),因硫酸盐与水泥发生反应时,对水泥土具有结晶性侵蚀,会出现开裂、崩解而丧失强度,为此应选用抗硫酸盐水泥,使水泥土中产生的结晶膨胀物质控制在一定的数量范围内,以提高水泥土的抗侵蚀性能。

在我国北纬 40°以南的冬季负温条件下,冰冻对水泥土的结构损害甚微。在负温时,由于水泥与黏土矿物的各种反应减弱,水泥土的强度增长缓慢(甚至停止);但正温后,随着水泥水化等反应的继续深入,水泥土的强度可接近标准养护强度。

水泥土搅拌桩用于处理泥炭土、有机质土、pH 值小于 4 的酸性土、塑性指数大于 25 的黏土,或在腐蚀性环境中以及无工程经验的地区使用时,必须通过现场和室内试验确定其适用性。对于泥炭土、有机质含量大于 5% 和 pH 值小于 4 的酸性土,水泥在上述土层有可能不凝固或发生后期崩解。因此,必须进行现场和室内试验确定其适用性。

水泥(或水泥浆)与软土采用机械搅拌加固的基本原理,是基于水泥加固土的物理化学反应过程,有别于混凝土的硬化机理。在水泥加固土中,水泥掺入量很小,仅占被加固土重量的 7%～15%,水泥的水解和水化反应完全是在具有一定活性的介质土的围绕下进行的,所以水泥土的强度增长较混凝土缓慢。我们可以从以下几个方面来简单介绍其加固机理。

1) 水泥的水解和水化反应

普通硅酸盐水泥的主要成分有氧化钙、二氧化硅、三氧化二铝和三氧化二铁,它们通常占 95% 以上,其余 5% 以下的成分有氧化镁、氧化硫等,由这些不同的氧化物分别组成了不同的水泥矿物:铝酸三钙、硅酸三钙、硅酸二钙、硫酸三钙、铁铝酸四钙、硫酸钙等。

国外使用水泥土搅拌法加固的土质有超软土、泥炭土和淤泥质土等饱和软土。加固场所从陆地软土到海底软土,加固深度达 60 m。国内目前采用水泥土搅拌法加固的土质有淤泥、淤泥质土、地基承载力不大于 120 kPa 的黏性土和粉土等地基。用水泥加固软土时,水泥颗粒表面的矿物很快与土中的水发生水解和水化作用。目前认为,铝酸三钙水化反应迅速;硅酸三钙和铁铝酸四钙水化反应也较快,早期强度高;硅酸二钙水化反应较慢,但对水泥后期强度增长和抗水化性较好。水泥的水化反应生成氢氧化钙($Ca(OH)_2$)、含水硅酸钙($3CaO \cdot 2SiO_2 \cdot 3H_2O$)、含水铝酸钙($3CaO \cdot Al_2O_3 \cdot 6H_2O$)、含水铁酸钙($3CaO \cdot Fe_2O_3 \cdot 6H_2O$)等化合物。

上述水泥的水化反应过程如下:

(1) 硅酸三钙($3CaO \cdot SiO_2$):在水泥中含量最高(约占全重的50%左右),是决定强度的主要因素。

(2) 硅酸二钙($2CaO \cdot SiO_2$):在水泥中的含量较高,主要产生后期强度。

(3) 铝酸三钙($3CaO \cdot Al_2O_3$):占水泥重量的10%,水化速度最快,促进早凝。

(4) 铁铝酸四钙($4CaO \cdot Al_2O_3 \cdot Fe_2O_3$):占水泥重量的10%左右,能促进早期强度。所生成的氢氧化钙、含水硅酸钙能迅速溶于水中,使水泥颗粒表面重新暴露出来,再与水发生反应,这样周围的水溶液就逐渐达到饱和。当溶液达到饱和后,水分子虽继续深入颗粒内部,但新生成物已不再溶解,只能以细分散状态的胶体析出,悬浮于溶液中,形成胶体。

(5) 硫酸钙($CaSO_4$):虽然它在水泥中的含量仅占3%左右,但它与铝酸三钙一起与水发生反应,生成一种被称为"水泥杆菌"的化合物。根据电子显微镜的观察,水泥杆菌最初以针状结晶形式在比较短的时间里析出,其生成量随着水泥掺入量的多少和龄期的长短而异。由X射线衍射分析可知,这种反应很迅速,反应结果是把大量的自由水以结晶水的形式固定下来——这对于含水量高的软土的强度增长有特殊意义,使土中的自由水的减少量约为水泥杆菌生成量的46%。当然,硫酸钙的掺量不能过多,否则这种水泥杆菌针状结晶会使水泥发生膨胀而遭到破坏。如果硫酸钙使用得合适,在某种特定条件下可利用这种膨胀势来增加地基加固效果。

当水泥的各种水化物生成后,有的自身继续硬化,形成水泥石骨架;有的则与其周围具有一定活性的黏土颗粒发生反应。

2)离子交换和团粒化作用

黏土与水结合即表现胶体特征,如土中含量最多的二氧化硅遇水后,与水形成硅酸胶体微粒,其表面带有钠离子或钾离子,它们形成较厚的扩散层,土颗粒的距离也比较大,能和水泥水化生成的氢氧化钙中的钙离子进行当量吸附交换,使土颗粒表面吸附的钙离子所形成的扩散层变薄,大量较小的土颗粒形成较大的土团粒。由于其产生了很大的比表面能,可使较大的土粒进一步联合,形成水泥土团粒结构,并封闭各土团粒间的空隙,形成坚固的联结,从而使土体强度提高。

3)硬凝反应

水泥的硬凝反应是指水泥的硬化与凝结,是同一个反应的不同阶段。凝结标志着水泥浆失去流动性而具有了一定的塑性强度,硬化则表示水泥浆固化所产生的一定机械强度的过程。随着水泥水化反应的深入,溶液中析出大量的钙离子。当钙离子的数量超过离子交换需要量后,在碱性环境中,钙离子能与组成黏土矿物的二氧化硅和三氧化二铝的一部分或大部分进行化学反应,逐渐生成不溶于水的稳定结晶化合物,并且在水中和空气中逐渐硬化,增大了水泥土的强度,而且该结晶化合物的结构比较致密,水分不易侵入,使水泥土具有足够的水稳定性。

4) 碳化反应

水泥土中的 $Ca(OH)_2$ 与土中或水中 CaO 化合生成不溶于水的 $CaCO_3$,增加了水泥土的强度。

水泥与地基土拌和后经上述的化学反应形成坚硬桩体,同时桩间土也有少量的改善,从而构成桩与土复合地基,提高地基承载力,减少了地基的沉降。

5.1.3　室内试验

软土地基深层搅拌加固法是基于水泥对软土的加固作用,而目前这项技术的发展仅经过 20 余年,无论从加固机理到设计计算方法或者施工工艺均有不完善的地方,有些还处于半理论半经验的状态,因此应该特别重视水泥土的室内外试验。

1) 试验方法

(1) 试验目的。

进行水泥土的室内配合比试验是为了达到以下目的:

① 了解用水泥加固每一个工程中不同成因软土的可能性。

② 了解加固各种软土最合适的水泥品种。

③ 了解加固某种软土所用水泥的掺入量、水灰比和最佳的外掺剂。

④ 了解水泥土强度增长的规律,求得龄期与强度的关系。

通过这些试验可为水泥土搅拌法的设计计算和施工工艺提供可靠的参数。

(2) 试验设备。

目前水泥土的室内物理力学性质试验尚未形成统一的操作规程,基本上都是利用现有的土工试验仪器及砂浆混凝土试验仪器,按照土工或砂浆混凝土的试验规程进行试验。

(3) 土样制备。

制备水泥土的土样一般分为以下两种:

① 风干土样,将现场挖掘的原状软土经过风干、碾碎、过筛而制成。

② 原状土样,将现场挖掘的天然软土立即封装在双层厚塑料袋内,基本保持天然含水量。

(4) 固化剂。

制备水泥土的水泥可用不同品种(普通硅酸盐水泥、矿渣水泥、火山灰水泥及其他特种水泥)、各种标号的水泥,水泥掺入比可根据要求选用 $7\% \sim 20\%$ 等。水泥掺入比 a_w 是指水泥重量与被加固的软土重量之比。

(5) 外掺剂。

为改善水泥土的性能和提高其强度,可选用木质素磺酸钙、天然石膏、三乙醇胺等外掺剂。结合工业废料处理,还可掺入不同比例的粉煤灰。

(6) 试件的制作和养护。

按照拟订的试验计划,根据配方分别称量土、水泥、外掺剂和水,放在容器内搅拌均匀。然后在选定的试模内装入一半试料,放在振动台上振动 1 min;再装入其余的试料后振动

1 min;最后将试件表面刮平,盖上塑料布防止蒸发过快。

试件成型后,根据水泥土强度决定拆模时间,一般为 $1\sim2$ d。拆模后的试件放入标准养护室进行养护,达到规定龄期即可进行各种试验。

2) 试验结果

(1) 水泥土的物理性质。

① 重度:由于拌入软土中的水泥浆的重度与软土的重度相近,所以水泥土的重度与天然软土的重度相近。表 5-1 为水泥土的重度试验结果。由表可见,尽管水泥掺入比为 25%,水泥土的重度也仅比天然软土增加 2.9%。因此采用深层搅拌法加固厚层软土地基时,其加固部分对下部未加固部分不致产生过大的附加荷重,也不会发生较大的附加沉降。

表 5-1　水泥土的重度试验结果

(引自冶金部建筑研究总院地基室,1985)

软土天然重度 $\gamma_0/(\mathrm{kN}\cdot\mathrm{m}^{-3})$	水泥掺入比 $a_\mathrm{w}/\%$	水泥土的重度 $\gamma/(\mathrm{kN}\cdot\mathrm{m}^{-3})$	$\dfrac{\gamma-\gamma_0}{\gamma_0}\times100\%$
17.1	5	17.3	1.1%
	15	17.5	2.3%
	25	17.6	2.9%
17.5	7	17.6	0.6%
	15	17.8	1.7%
	20	17.8	1.7%

② 相对密度:由于水泥的相对密度(3.1)比一般软土的相对密度($2.65\sim2.75$)大,故水泥土的相对密度也比天然土稍大。当水泥掺入比为 $15\%\sim20\%$ 时,水泥土的相对密度比软土约增加 4%。

(2) 水泥土的力学性质。

① 抗压强度及其影响因素。

水泥土的无侧限抗压强度一般为 $0.3\sim4.0$ MPa,即比天然软土大几十倍至数百倍。图 5-1 是由水泥土无侧限压缩试验得到的应力-应变曲线。

由图 5-1 可见,当水泥土强度较低时,其应力-应变曲线表现为塑性材料的性质,随着强度的提高,应力-应变曲线逐渐趋向于脆性材料的性质。

由于水泥土本身的不均质性,所以它不是纯弹性体,而是一种弹塑性体,其应力-应变之间的关系是非线性的。在加荷开始阶段,应力-应变大致呈直线关系;当应力达到某一数值

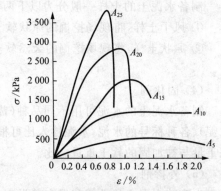

图 5-1　水泥土的应力-应变曲线

$A_5,A_{10},A_{15},A_{20},A_{25}$ 分别表示水泥掺入比 $a_\mathrm{w}=5\%$,

$a_\mathrm{w}=10\%,a_\mathrm{w}=15\%,a_\mathrm{w}=20\%,a_\mathrm{w}=25\%$

时,应力-应变曲线开始弯曲,较小的应力增量即会产生较大的应变增量。把应力-应变曲线上开始弯曲这一点对应的应力定为水泥土的"比例极限",则试验结果表明,水泥的比例极限是其极限强度的 70%～90%。水泥土受压破坏时,轴向应变很小,一般为 0.8%～1.2%。

影响水泥土抗压强度的因素很多,主要有以下几个方面:

a. 水泥掺入比 a_w。水泥土的抗压强度随着水泥掺入比的增大而增大(见图 5-2)。当 $a_w \leqslant 5\%$ 时,由于水泥与土的反应过弱,水泥土固化程度低,强度离散性也较大,故在搅拌法的实际施工中,水泥掺入比应大于 5%。当 $a_w > 5\%$ 时,每增加单位水泥掺入比所引起的强度增量在不同龄期是不同的,在 0～90 d 范围内,龄期越长这种增量越高。经大量试验数据的分类数理统计,水泥土的抗压强度与水泥掺入比呈幂函数关系,其表达式为:

$$\frac{q_{u1}}{q_{u2}} = \left(\frac{a_{w1}}{a_{w2}}\right)^{1.6} \tag{5-1}$$

式中　q_{u1}——水泥掺入比为 a_{w1} 的水泥土抗压强度,kPa;

　　　q_{u2}——水泥掺入比为 a_{w2} 的水泥土抗压强度,kPa。

上式成立的条件是 a_w 为 5%～20%。

b. 龄期 T。水泥土强度随着龄期的增长而增大,一般在龄期超过 28 d 后仍有明显的增加(见图 5-3)。当水泥掺入比为 7% 时,120 d 的强度为 28 d 的 2.03 倍;当 $a_w = 12\%$,180 d 的抗压强度为 28 d 的 1.83 倍。当龄期超过 3 个月后,水泥土的强度增长才减缓。另外,水泥掺入比越大,水泥土抗压强度增长速率也越大。

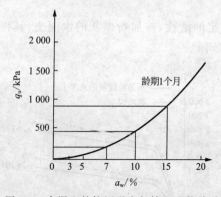

图 5-2　水泥土的抗压强度与掺入比的关系

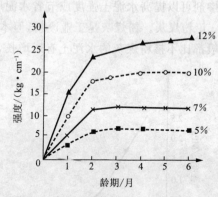

图 5-3　水泥土的抗压强度与龄期的关系

据电子显微镜观察,水泥和土之间的一系列物理-化学反应约需 3 个月才能基本完成,因此选用 3 个月龄期强度 R_{90} 作为水泥土的标准强度较为适宜。另外对于实际工程而言,从打设搅拌桩开始,到完成基础工程,到上部结构建造到一定高度,总是需要 3～4 个月,而此时在搅拌桩顶的作用的实际荷载引起的桩身应力,不会超过当时水泥土强度的一半,所以是安全的,也是经济的。因此《建筑地基处理技术规范》(JGJ 79—2012)规定竖向承载的水泥土强度宜取 90 d 龄期试块的立方体抗压强度平均值;但是考虑到承受水平荷载(例如桩作为基坑工程的护坡结构)的情况,一般从打设搅拌桩体到承受水平荷载的间隔不超过 1 个月,所以对承受水平荷载的水泥土强度取 28 d 龄期试块的立方体抗压强度平均值。为了便于各龄期下水泥土强度的相互推算,从抗压强度试验得知,在其他条件相同时,不同龄期水泥土抗压强度间关系大致呈线性关系。

c. 水泥标号。水泥土的抗压强度随水泥标号的提高而增加,水泥强度等级提高 10 级(例如从 P32.5 提高到 P42.5),水泥土的强度增长 20%～30%。

d. 水泥浆水灰比。有试验表明:当水泥掺入比不变时,水泥浆水灰比对水泥土强度的影响为:当天然含水率较低致使水泥土未达到最佳含水率时,水泥土强度可能随着水泥浆水灰比的提高而提高;当天然含水率较大致使水泥含水率超过最佳含水率时,水泥土强度随着水泥水灰比的提高而降低。

e. 土样含水量。水泥土的抗压强度随着土样含水量的增加而迅速降低,如图 5-4 所示。土样含水量增加 3.3 倍,水泥土的抗压强度降低 8.9 倍。

f. 土质的影响。不同的土样掺入等量水泥后,水泥的强度可相差近一倍,这就意味着土质对水泥的硬化过程是有影响的。

g. 土样中有机质含量。土样中的有机质含量的高低对水泥土试块的无侧限抗压强度影响十分明显。首先由于土样中的有机质主要为富里酸和胡敏酸,富里酸溶液和水泥接触,两者形成的吸附层会延缓水泥水化的进程。其次富里酸的分解作用破坏了水泥土的结构形成,呈一种化学风化的特征。所以有机质含量较高的软土,单纯用水泥加固的效果较差。

h. 外掺剂。不同的外掺剂对水泥土强度有着不同的影响,例如木质素磺酸钙对水泥土强度增长影响不大,主要起减水作用。三乙醇胺、氯化钙、碳酸钠、水玻璃和石膏等材料对水泥土强度有增强作用,其效果对不同土质和不同水泥掺入比又有所不同。所以,选择合适的外掺剂可以提高水泥土强度或节省水泥用量。

i. 粉煤灰。粉煤灰是工业废料,但本身具有一定的活性,掺加粉煤灰的水泥土,其强度一般都比不掺粉煤灰的水泥土有所增长,如图 5-5 所示。

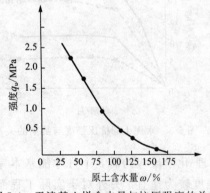

图 5-4　天津某土样含水量与抗压强度的关系
$(a_w=10\%, T=28\ \mathrm{d})$

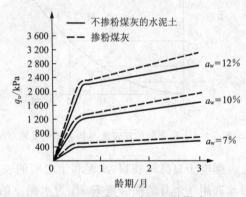

图 5-5　粉煤灰对水泥土的影响

不同水泥掺入比的水泥土,当掺入与水泥等量的粉煤灰后,强度均比不掺粉煤灰的提高 10% 左右,因此采用搅拌法加固软土时掺入粉煤灰,不仅可利用工业废料,还可提高水泥土的强度。

j. 掺入工业废渣的效果。作为水泥土搅拌桩,在掺入水泥的同时还可掺入工业废渣,其中以产量极大的钢铁工业废渣——高炉矿渣和转炉钢渣为主,这些废渣利用一般水泥厂的磨粉车间经过适当的加工即可生产出矿渣水泥和钢渣水泥。而这两种水泥对于软土地基的加固效果比普通硅酸盐水泥以及纯硅酸盐水泥对土的加固效果要好得多。

② 抗拉强度。

水泥土的抗拉强度采用劈裂法测定。试验结果表明:试件破坏形式为脆性破坏,破坏面微呈波状起伏。水泥土的抗拉强度随其抗压强度的增大而增大,但远较抗压强度低,部分试验结果如表 5-2 所示。抗拉强度是抗压强度的 $1/15 \sim 1/10$,与混凝土的抗拉/抗压强度之比值相近。

表 5-2 水泥土试验的抗压和抗拉强度

试件编号	无侧限抗压强度 q_u /MPa	抗拉强度 σ_u /MPa	试件编号	无侧限抗压强度 q_u /MPa	抗拉强度 σ_u /MPa
1	0.500	0.064	4	1.285	0.107
2	0.742	0.061	5	1.790	0.122
3	1.096	0.084	6	3.485	0.222

③ 抗剪强度。

水泥土的抗剪强度可采用直接快剪和三轴不排水剪切试验进行测定。

a. 直接快剪试验。可在应变控制式直剪仪上进行,水泥土试件直径为 6.18 cm,高度为 2.5 cm。试验结果见表 5-3。

表 5-3 水泥土直剪试验结果

试验编号	天然土样试验			水泥掺入量 a_w /%	水泥土龄期 T /d	水泥土试验		
	无侧限抗压强度 q_u /MPa	抗剪强度				无侧限抗压强度 q_u /MPa	抗剪强度	
		黏聚力 c /MPa	内摩擦角 φ /(°)				黏聚力 c /MPa	内摩擦角 φ /(°)
1				10	28	0.623	0.161	26.5
2	0.037	0.014	14	10	90	1.124	0.271	31
3				15	28	1.315	0.289	32

由表 5-3 可见,水泥土较原天然土的黏聚力和内摩擦角大为增加,当水泥土的无侧限抗压强度 q_u 在 $0.6 \sim 1.3$ MPa 范围内,其黏聚力比天然土大 $10 \sim 20$ 倍,内摩擦角增加 1 倍左右。另外,水泥土的抗剪强度随其无侧限抗压强度的增大而增加,其黏聚力 c 与无侧限抗压强度 q_u 的比值为 $0.2 \sim 0.3$;其内摩擦角变化在 $20° \sim 30°$ 之间。试验结果表明,当水泥土的无侧限抗压强度 q_u 较高时,其抗剪强度 τ_{f0}(法向应力 σ_n 之强度)可按 $q_u/2$ 计算;但当水泥土的无侧限抗压强度 q_u 比较低时,其抗剪强度低于 $q_u/2$。

b. 三轴不排水剪切试验。该试验在应变控制式三轴剪力仪上进行,试件直径为 3.91 cm,高度为 8 cm。其试验结果与直剪试验相似,即水泥土的抗剪强度随其无侧限抗压强度的增大而增大。另外,水泥土受三轴剪切时有明显的破坏面,破坏面与最大主应力作用面的夹角为 60°~70°。

④ 变形模量。

表 5-4 为不同无侧限抗压强度的水泥土进行变形模量试验的结果。当 $q_u = 300 \sim 3\,500$ kPa 时,变形模量 $E_{50} = 40 \sim 540$ MPa,一般为 q_u 的 $120 \sim 150$ 倍,即 $E_{50} = (120 \sim 150)q_u$。

表 5-4 水泥土的变形模量

试件编号	无侧限抗压强度/kPa	破坏应变 $\varepsilon_f/\%$	变形模量 E_{50}/kPa	E_{50}/q_u
1	274	0.80	37 000	135
2	482	1.15	63 400	131
3	524	0.95	74 800	142
4	1 093	0.90	165 700	151
5	1 554	1.00	191 800	123
6	1 651	0.90	223 500	135
7	2 008	1.15	285 700	142
8	2 392	1.20	291 800	121
9	2 513	1.20	330 600	131
10	3 036	0.90	474 300	156
11	3 450	1.00	420 700	121
12	3 518	0.80	541 200	153

⑤ 压缩系数和压缩模量。

水泥土的压缩试验结果表明,$100 \sim 400$ kPa 压力区间内对应的压缩系数 a_{1-4} 随水泥掺量的增加而减小,变化在 $(2.0 \sim 3.5) \times 10^{-1}$ kPa^{-1} 范围内;其相应的压缩模量 $E_s = 60 \sim 100$ MPa。

当天然土的渗透系数为 $\eta \times 10^{-7}$ cm/s 时,随着水泥掺量的增大,水泥土的渗透系数可降低为 $\eta \times (10^{-11} \sim 10^{-10})$ cm/s,如图 5-6 所示。

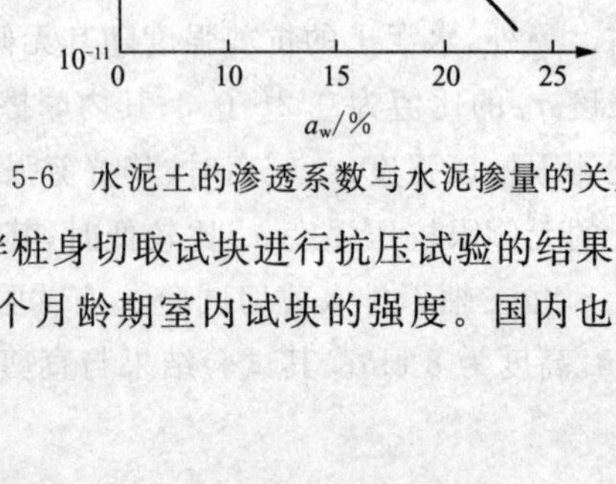

⑥ 水泥土的长期强度。

为了检验水泥土搅拌桩加固软土地基的长期强度,日本竹中土木研究所曾对已施工 4 年

图 5-6 水泥土的渗透系数与水泥掺量的关系

的深层搅拌桩进行开挖取样试验。对挖出的深层搅拌桩身切取试块进行抗压试验的结果表明,4 年龄期的桩身试块无侧限抗压强度均不低于 3 个月龄期室内试块的强度。国内也进行过水泥土试块的长期强度试验,数据如表 5-5 所示。

表 5-5 水泥土试块室内长期试验数据

试验土质	水泥掺量 /%	在下列龄期时的水泥土试块强度/MPa					
		1 个月	3 个月	6 个月	1 年	10 年	15 年
粉细砂质土	30	13.0	—	16.2	17.4	18.5	—
淤泥土砂质黏土	35	8.9	14.1	—	—	—	15.7

(3)水泥土的抗冻和抗蚀性能。

① 水泥土的抗冻性。

为探讨水泥土搅拌冬季施工的可能性,利用冬季负温条件对水泥土试块进行了抗冻试验。其间最高温度为 10 ℃,最低温度为－14 ℃,具有正负温度变化的有 34 d。水泥土试块置于负温条件下共 55 d。

a. 外观变化。水泥土试块经自然负温冰冻后,其外观无显著的变化,仅部分试块表面出现裂缝,有局部微膨胀或出现片状剥落及边角脱落,但深度及面积均不大,可见自然冰冻没有造成水泥土试块内部的结构破坏。

b. 强度数值。水泥土试块在自然冰冻 55 d 后的强度和冻前相比几乎没有增长;恢复正温后,强度才继续提高。冻后正常养护 90 d 的强度与标准养护强度非常接近,抗冻系数达 0.9 以上。在自然温度不低于－15 ℃的条件下,冻胀对水泥土结构损害甚微。在负温时,由于水泥与黏土之间的反应减弱,水泥土强度增长缓慢;正温后,随着水泥水化等反应的继续深入,水泥土的强度可接近标准养护的强度。因此只要冬季地温不低于－10 ℃就可以进行深层搅拌法的施工。

② 水泥土的抗蚀性能。

水泥土是水泥和土体拌和均匀后的产物,现场水泥土搅拌施工工艺使水泥土中存在大量孔隙,因此对于水泥有腐蚀性的土体(或土中的水)均会对水泥土形成腐蚀作用,主要分为两大类:分解性腐蚀和结晶性腐蚀。

水泥水化产物——水化硅酸钙等必须在一定的 CaO 浓度下才能得到平衡、稳定存在。分解性腐蚀的主要现象就是水泥土中 $Ca(OH)_2$ 浓度不断下降,导致水化硅酸钙等水泥水化物分解,使水泥土逐步丧失强度。由于水泥土中水泥掺量一般不超过 25%,所以这种强度丧失对水泥土具有彻底的破坏性。

对于结晶性腐蚀,由于水泥土的某些特殊性,在一定条件下,水泥土具有一定的抗蚀能力。因为水泥水化生成的氢氧化钙与土中(水中)硫酸盐生成硫酸钙,它进而又可与水泥中的铝酸盐生成含有大量结晶水的硫铝酸钙晶体析出,体积增大。由于水泥土中水泥掺量较少,土中含水量高,黏土矿物对 $Ca(OH)_2$ 又有一定吸收能力,因此使水泥土常常处于 $Ca(OH)_2$ 不饱和状态。加之水泥土的多孔隙性又可为硫铝酸钙充填,反而可提高其强度。

因此,对于勘察报告提及地下水具有腐蚀问题时都必须特别慎重,在有足够的水泥土抗腐蚀试验数据后才能应用于工程实践。

5.1.4 室外试验

1) 试验目的

(1)根据水泥土室内配合比试验求得的最佳配方,进行现场成桩工艺试验。

（2）在相同的水泥掺入比条件下，推求室内试块与现场桩身强度的关系。

（3）比较不同桩长与不同桩身强度的单桩承载力。

（4）确定桩土共同作用的复合地基承载力。

2）试验方法

（1）在桩身不同部位切取试件，运回实验室内分割成与室内试块同样尺寸的现场试件，在相同龄期时比较室内外试块强度之间的关系。

（2）单桩与复合地基的承载力试验，一般可采用荷重平台、千斤顶分级加载，用百（千）分表测量桩身沉降量。

（3）为了解复合地基的反力分布、应力分配，可在荷载板下不同部位埋设土压力盒。

3）试验结果

（1）可选用二次喷浆搅拌的成桩工艺，使水泥浆同软土能均匀地拌和，并可保证达到最佳的水泥掺入比。

（2）当桩身强度大于 800 kPa 时，桩长 10 m 和 7 m 的单桩承载力特征值可达 250 kN 和 200 kN，相应沉降量小于 7 mm，桩侧软土的平均摩阻力为 80～90 kPa；当桩身强度小于 800 kPa 时，长度相同的单桩承载力特征值随桩身强度减小而降低。例如，桩身强度从 890 kPa 减小至 250 kPa，单桩承载力特征值将从 250 kN 降至 120 kN。可见保证搅拌桩的长度和桩身强度达到设计要求是保证加固质量的关键。

（3）由搅拌桩和软土所组成的复合地基的承载力是由桩与桩间土共同承担的，当桩长 10 m，加固置换率（即在加固范围内的搅拌桩截面积之总和与加固面积之比值）为 36％的搅拌桩地基承载力特征值可达 150 kPa，比天然软土地基的承载力特征值提高 1～1.5 倍。

5.1.5　设计计算

1）水泥搅拌桩的设计要求

（1）对地质勘察的特殊要求。

进行深层搅拌法加固软土地基的设计时，除了一般常规的要求外，对下述各点也应予以特别的重视：

① 土质分析。包括有机质含量、可溶盐含量、总烧失量。在初步判断用何种水泥加固某种成因的软土时还应进行软土的矿物成分分析。

② 水质分析。地下水的酸碱度（pH 值）、硫酸盐含量分析。

（2）加固形式的选择。

根据目前的深层搅拌法施工工艺，搅拌桩可布置成柱状、壁状和块状三种形式。

（3）加固范围的确定。

搅拌桩按其强度和刚度是介于刚性桩（钢筋混凝土预制桩、就地灌注桩）和柔性桩（砂性、碎石桩）之间的一种桩型，但其承载性能又与刚性桩相近。因此在设计搅拌桩时可仅在上部结构基础范围内布桩，不必像柔性桩那样在基础以外设置保护桩。

2）水泥搅拌桩的设计

（1）柱状加固地基。

① 单桩承载力的计算。

承受垂直荷载的深层搅拌水泥土桩，一般应使土对桩的支承力与桩身强度所确定的承载力相近，并使后者略大于前者最为经济。因此搅拌单桩的设计主要是确定桩长和选择水泥掺入比。

搅拌单桩的设计步骤一般可分为三种情况：

a. 当拟加固场地的土质条件、施工机械因素等限制搅拌桩打设深度时，应先确定桩长，根据桩长计算单桩容许承载力，然后再确定桩身强度，并根据水泥土室内强度试验资料，选择相应于所需桩身强度的水泥掺入比。

b. 当搅拌加固的深度不受限制时，可根据室内强度试验资料选择水泥掺入比，确定桩身强度，再根据选定的强度，计算单桩承载力，然后求取桩长。

c. 直接根据上部结构对地基的要求，先选定单桩承载力，即可求得桩长和桩身强度，然后再根据室内强度试验资料，选择相应于要求的桩身强度的水泥掺入比。

单桩竖向承载力特征值 R_a 可按下列两式计算，并取其中较小值：

$$R_a = u_p \sum_{i=1}^{n} q_{si} l_{pi} + \alpha_p q_p A_p \tag{5-2}$$

$$R_a = \eta f_{cu} A_p \tag{5-3}$$

式中　　u_p——桩的周长，m；

　　　　q_{si}——桩周第 i 层土的侧阻力特征值，可按地区经验确定，kPa；

　　　　l_{pi}——桩长范围内第 i 层土的厚度，m；

　　　　α_p——桩端阻力发挥系数，应按地区经验确定；

　　　　q_p——桩端阻力特征值，可按地区经验确定，水泥搅拌桩、旋喷桩应取未经修正的桩端地基土承载力特征值，kPa；

　　　　A_p——桩的截面积，m²；

　　　　η——桩身强度折减系数，干法可取 0.20～0.25，湿法可取 0.25；

　　　　f_{cu}——与搅拌桩桩身水泥土配比相同的室内加固土试块，边长为 70.7 mm 的立方体在标准养护条件下 90 d 龄期的立方体抗压强度平均值，kPa。

② 搅拌桩复合地基承载力的计算。

水泥土搅拌桩的承载力性状与刚性桩相似，设计时可仅在上部结构基础范围内布桩。但是，由于搅拌桩桩身强度较刚性桩低，在垂直荷载作用下有一定的压缩变形，同时其周围的软土也能分担一部分荷载。因此，当桩的间距较大时，水泥土搅拌桩又可与周围的软土组成柔性桩复合地基。搅拌桩复合地基的承载力特征值可按下式计算：

$$f_{spk} = \lambda m \frac{R_a}{A_p} + \beta(1-m) f_{sk} \tag{5-4}$$

式中　　f_{spk}——复合地基承载力特征值，kPa；

　　　　m——置换率，%；

　　　　f_{sk}——处理后桩间土承载力特征值，宜按当地经验取值，无经验时可取天然地基承载力特征值，kPa；

A_p——桩的截面积,m^2;

λ——单桩承载力发挥系数,可按地区经验取值;

R_a——单桩竖向承载力特征值,kN;

β——桩间土承载力发挥系数,可按地区经验取值。

③ 置换率和桩数的计算。

在通常的设计过程中,根据上部结构对地基要求达到的承载力 f_{spk} 和单桩设计的承载力 R_a,按下式即可求得所需的置换率:

$$m = \frac{f_{spk} - \beta f_{sk}}{\lambda \dfrac{R_a}{A_p} - \beta f_{sk}} \tag{5-5}$$

对于采用柱状加固时,可采用正方形或等边三角形布桩形式,其总桩数可按下式计算:

$$n = \frac{mA}{A_p} \tag{5-6}$$

式中 n——总桩数;

   A——基础底面积,m^2。

④ 桩位平面布置。

水泥土搅拌桩的总桩数确定后,即可按选定的加固形式和上部荷载的分布进行布桩。桩状加固时,桩的平面布置以桩距最大(以利充分发挥桩侧摩阻力)和便于施工为原则。壁状加固和格栅状加固可根据上部荷载分布情况将搅拌桩布置成相互搭接的壁状体;当总桩数不足以形成壁状加固体时,可增添较短的连接桩,确保桩体连成壁状或格栅状。

⑤ 下卧层地基承载力计算。

如图 5-7 所示,当所设计的搅拌桩为摩擦型、桩的置换率较大(一般 $m > 20\%$)且不是单行竖向排列时,由于每根搅拌桩不能充分发挥单桩的承载力的作用,故应按群桩作用原理进行地基下卧层验算,即将搅拌桩和桩间土视为一个实体基础,考虑假想实体基础侧面与土的摩擦力,验算假想基础底面(下卧层地基)的承载力:

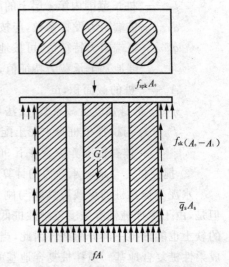

图 5-7 搅拌桩下卧层强度验算

$$f' = \frac{f_{spk}A_0 + G - \overline{q}_s A_s - f_{sk}(A_0 - A_1)}{A_1} < f \tag{5-7}$$

式中 f'——假想实体基础底面压力,kPa;

   f_{spk}——复合地基承载力特征值,kPa;

   A_0——基础底面积,m^2;

   A_1——假想实体基础底面积,m^2;

   A_s——假想实体基础侧表面积,m^2;

   G——假想实体基础自重,kN;

   $\overline{q}_s$——作用在假想实体基础侧壁上的平均容许摩阻力,kPa;

   f_{sk}——假想实体基础边缘软土的承载力,kPa;

   f_a——假想实体基础底面经修正后的地基土承载力特征值,kPa。

当验算不满足要求时,须重新设计单桩,直到满足要求为止。

⑥ 沉降计算。

水泥土桩复合地基的变形由复合土层的变形 s_1 和桩端以下土层变形 s_2 两部分组成,即

$$s = s_1 + s_2 \tag{5-8}$$

搅拌桩复合土层的压缩变形 s_1 为:

$$s_1 = \frac{(p_z + p_{zl})l}{2E_{sp}} \tag{5-9}$$

$$E_{sp} = mE_p + (1 - m)E_s \tag{5-10}$$

式中　p_z——搅拌桩复合土层顶面的附加压力值,kPa;

　　　p_{zl}——搅拌桩复合土层底面的附加压力值,kPa;

　　　E_{sp}——搅拌桩复合土层的压缩模量,kPa;

　　　E_p——搅拌桩的压缩模量,可取$(100 \sim 120)f_{cu}$,对桩较短或桩身强度较低者可取低
　　　　　　值,反之可取高值,kPa;

　　　E_s——桩间土的压缩模量,kPa;

　　　l——搅拌桩长(复合土层的厚度),m。

桩端以下未加固土层的压缩变形 s_2 可根据现行国家标准《建筑地基基础设计规范》(GB 50007—2011)的有关规定,按天然地基采用分层总和法进行计算。

(2)壁状加固地基。

为了防止码头滑动,保护基坑边坡稳定,可采用水泥土挡墙,即由相邻搅拌桩搭接而成的壁状加固体。

水泥土挡墙可参照重力式挡土墙的设计计算方法进行设计。水泥土挡墙的厚度、强度与深度用试算法确定,根据初步拟订的挡墙参数进行挡墙稳定性验算,必要时进行适当修改,直到满足设计要求为止。

水泥土挡墙计算主要包括滑动稳定性验算、倾覆稳定性验算和墙身材料应力的验算(见图 5-8)。

由于水泥土的重度与土的重度相接近,因此一般可不做地基土承载力特征值的验算。

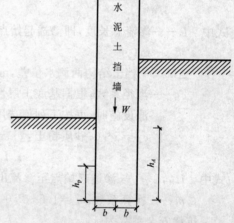

图 5-8　水泥土挡墙稳定验算

① 滑动稳定性验算。

$$K_h = \frac{\mu W + E_p}{E_A} \geqslant 1.3 \tag{5-11}$$

式中　K_h——抗滑稳定安全系数;

　　　W——挡墙自重,kN/m;

　　　μ——基底摩擦系数;

　　　E_p——被动土压力,kN/m;

　　　E_A——主动土压力,kN/m。

② 倾覆稳定性验算。

$$K_q = \frac{Wb + E_p h_p}{E_A h_A} \geqslant 1.5 \tag{5-12}$$

式中　K_q——抗倾覆稳定安全系数；

　　b,h_p,h_A——W,E_p,E_A 对墙趾 A 的力臂，m。

③ 墙身应力验算。

$$\sigma = \frac{W_1}{2b} < \frac{q_u}{2K} \tag{5-13}$$

$$\tau = \frac{E_A - W_1\mu}{2b} < \frac{\sigma\tan\varphi + c}{K} \tag{5-14}$$

式中　σ,τ——所验算截面处的法向应力和剪切应力，kPa；

　　W_1——验算截面上部的墙重，kN/m；

　　q_u,c——水泥土的抗压强度和黏聚力，kPa；

　　φ——内摩擦角，(°)；

　　K——水泥土强度的安全系数（一般取 1.5）。

其余符号意义同前。

④ 抗渗计算。当地下水从基底以下土层向基坑内渗流时，若其动水坡度大于渗流出口处土颗粒的临界动水坡度，将产生基底渗流失稳现象。由于这种渗流具有空间性和不恒定性，至今理论上还未解决，为简化计算，按平面恒定渗流的计算方法——直线比例法，此法简便，精度能满足要求。

为了保证抗渗流稳定性，须有足够的渗流长度：

$$L \geqslant c_i\Delta H \tag{5-15}$$

式中　L——渗流总长度，即渗透起始点至渗流出口处的地下轮廓线的水平和垂直总长度，m；

　　ΔH——挡土结构两侧水位差，m；

　　c_i——渗径系数，根据基底土层性质和渗流出口处情况确定。一般渗流出口处无反滤设施时，可按下列值选用：黏土，$c_i=3\sim4$；粉质黏土，$c_i=4\sim5$；黏质粉土，$c_i=5\sim6$；砂质粉土，$c_i=6\sim7$。

$$L = L_H + mL_V \tag{5-16}$$

式中　L_H,L_V——渗透起始点至渗流出口处的地下轮廓线的水平和垂直总长度，m；

　　m——换算系数，$m=1.5\sim2.0$。

抗渗安全系数为：

$$K_渗 = \frac{m[(H-0.5)+2h]+B}{c_i\Delta H} \tag{5-17}$$

式中　$K_渗$——抗渗安全系数，$K_渗 \geqslant 1.10$；

　　B——挡土结构宽度，m。

5.1.6　施工方法

水泥土搅拌法施工现场事先应予以平整，必须清除地上和地下的障碍物。遇有明浜、池塘及洼地时应抽水和清淤，回填黏性土料并予以压实，不得回填杂填土或生活垃圾。

水泥土搅拌桩施工前应根据设计进行工艺性试桩，数量不得少于 2 根。当桩周为多层土时，应对相对软土层增加搅拌次数或增加水泥掺量。

搅拌头翼片的枚数、宽度、与搅拌轴的垂直夹角、搅拌头的回转数、提升速度应相互匹配,以确保加固深度范围内土体的任何一点均能经过 20 次以上的搅拌。竖向承载搅拌桩施工时,停浆(灰)面应高于桩顶设计标高 300～500 mm。在开挖基坑时,应将搅拌桩顶端施工质量较差的桩段用人工挖除。

施工中应保持搅拌机底盘的水平和导向架的竖直,搅拌桩的垂直度偏差不得超过 1%,桩位的偏差不得大于 50 mm,成桩直径和桩长不得小于设计值。

水泥土搅拌法的施工步骤由于湿法和干法的施工设备不同而略有差异。主要步骤为:① 搅拌机械就位、调平;② 预搅下沉至设计加固深度;③ 边喷浆(粉)边搅拌提升直至预定的停浆(灰)面;④ 重复搅拌下沉至设计加固深度;⑤ 根据设计要求,喷浆(粉)或仅搅拌提升直至预定的停浆(灰)面;⑥ 关闭搅拌机械。

在预(复)搅下沉时,也可采用喷浆(粉)的施工工艺,但必须确保全桩长至少再重复搅拌一次。

1) 湿法

施工前应确定灰浆泵输浆量、灰浆经输浆管到达搅拌机喷浆口的时间和起吊设备提升速度等施工参数,并根据设计要求通过工艺性成桩试验确定施工工艺。

所使用的水泥都应过筛,制备好的浆液不得离析,泵送必须连续。拌制水泥浆液的灌数、水泥和外掺剂用量以及泵送浆液的时间等应有专人记录,喷浆量及搅拌深度必须采用经国家计量部门认证的监测仪器进行自动记录。

搅拌机喷浆提升的速度和次数必须符合施工工艺的要求,并应有专人记录。

当水泥浆液到达出浆口后,应喷浆搅拌 30 s;在水泥浆与桩端土充分搅拌后,再开始提升搅拌头。

搅拌机预搅下沉时不宜冲水,当遇到硬土层下沉太慢时,方可适量冲水,但应考虑冲水对桩身强度的影响。

施工时如因故停浆,应将搅拌头下沉至停浆点以下 0.5 m 处,待恢复供浆时再喷浆搅拌提升。若停机超过 3 h,宜先拆卸输浆管路,并妥善加以清洗。

壁状加固时,相邻桩的施工时间间隔不宜超过 12 h。如间隔时间太长,与相邻桩无法搭接时,应采取局部补桩或注浆等补强措施。

2) 干法

喷粉施工前应仔细检查搅拌机械、供粉泵、送气(粉)管路、接头和阀门的密封性、可靠性。送气(粉)管路的长度不宜大于 60 m。

水泥土搅拌法(干法)喷粉施工机械必须配置经国家计量部门确认的具有能瞬时检测并记录出粉量的粉体计量装置及搅拌深度自动记录仪。

搅拌头每旋转一周,其提升高度不得超过 15 mm。

搅拌头的直径应定期复核检查,其磨耗量不得大于 10 mm。

当搅拌头到达设计桩底以上 1.5 m 时,应立即开启喷粉机提前进行喷粉作业。当搅拌头提升至地面下 500 mm 时,喷粉机应停止喷粉。

成桩过程中若因故停止喷粉,则应将搅拌头下沉至停灰面以下 1 m 处,待恢复喷粉时再喷粉搅拌提升。

5.1.7　质量检验

水泥土的施工质量是采用深层搅拌法加固地基能否成功的关键。影响水泥土施工质量的因素很多，主要有下述几个方面：

对喷粉深层搅拌，有水泥质量、钻杆提升和下降速度、转速、复喷的深度和次数以及钻杆的垂直度、钻井深度和喷灰深度等。

对喷浆深层搅拌，有水泥质量、水泥浆质量、钻杆的提升和下降速度、转速、复喷的深度和次数以及钻杆的垂直度、钻井深度和喷浆深度等。

深层搅拌法形成的水泥土能否达到设计要求的一个关键问题在于水泥浆（或粉）与土是否搅拌均匀。除钻杆的升降速度和转速、复搅次数影响搅拌均匀程度外，搅拌叶片的形状对水泥与土搅拌均匀也有重要作用，应该重视。

在大面积施工前，应进行工艺性试验。根据设计要求，通过试验确定适用于该场地的各种施工技术参数。工艺性试验一般可在工程桩上进行。

质量检验主要方法如下：

(1) 检查施工记录。包括桩长、水泥用量、复喷复搅情况、施工机具参数和施工日期等。

(2) 检查桩位、桩数或水泥土结构尺寸及其定位情况。

(3) 在已完成的工程桩中应抽取 2%～5% 的桩进行质量检验。一般可在成桩后 7 d 以内，使用轻便触探器钻取桩身水泥土样，观察搅拌均匀程度，同时根据轻便触探击数用对比法判断桩身强度。也可抽取 5% 以上桩采用动测进行质量检验。

(4) 采用单桩载荷试验检验水泥土桩的承载力。也可采用复合地基载荷试验检验深层搅拌桩复合地基的承载力。

5.1.8　工程实例

1) 工程概况

南京市某住宅小区，占地面积 0.64 km²，拟建 200 余栋多层住宅，建筑面积达 550 000 m²。场地为长江及秦淮河的漫滩地带，主要地层为高压缩性流塑状的淤泥质粉质黏土，厚度超过 30 m，土质松软，承载力很低。

为了提高软土地基的承载能力，充分利用有限的建筑场地，增加住宅楼层数，除采用大开挖深换土、使用大板和折板基础外，还采用了碎石桩、石灰桩、现场灌注素混凝土桩、锥形桩，以及深层搅拌法等地基处理措施。

对该小区 18 栋六层和七层的住宅楼软土地基进行深层搅拌桩加固，于 1984 年 8 月—1985 年 4 月共施工搅拌桩 2 861 根，共计 27 657.5 延米，完成搅拌桩载荷试验 4 组，水泥土强度检验 200 余组和 95 根桩的桩身质量检验。在正常施工的情况下，每栋住宅楼地基加固工期仅 7～10 d，与原拟采用的钢筋混凝土现场灌注桩相比，节约地基加固费用 100 万元。

2) 拟建场地工程地质条件

该小区场地主要地层为高压缩性的淤泥质粉质黏土，其表面有 1.5～3.0 m 厚的人工填土，容许承载力为 75 kPa，其下为未被钻穿的厚层淤泥质粉质黏土，容许承载力仅

60 kPa。土样有机质含量为 2.37%，可溶盐含量为 0.135%，烧失量为 6.94%。各土层物理力学性质指标见表 5-6。

表 5-6　各土层物理力学性质指标

层　次	厚度 /m	土　名	含水量 /%	重度 /(kN·m⁻³)	孔隙比	塑性 指数	液性 指数	黏聚力 /kPa	内摩擦角 φ/(°)	压缩模量 E_s/kPa	容许承载力 /kPa
①-2	0～1.5	淤泥及淤泥质填土	54	16.9	1.50	18	1.66	4	12.6	1 560	—
①-3	1.5～3.0	素填土	40	18.2	1.10	20	0.85	12	13.5	3 640	75
②	未　穿	淤泥质粉质黏土	47	17.4	1.31	14	1.78	4	17.5	2 090	60

3）设计

为获得设计工作必需的搅拌桩参数，在施工现场附近进行了现场试验。这里主要介绍一下地基加固设计。

（1）布桩方案。

该小区采用深层搅拌桩加固地基的住宅楼主要有七层点式和六层条式两种。七层点式住宅楼荷重较大，基底压力达 150 kPa，但其上部建筑相对刚度较大，因此建筑物沉降将比较均匀，根据这一特点，深层搅拌加固采用柱状加固形式。对于六层条式住宅楼来说，虽其基底压力小于 140 kPa，但其上部建筑长高比相对较大，刚度相对较小，易产生不均匀沉降；尤其是六栋底层为商店的临街住宅楼，建在地势低洼又是新近刚回填的鱼塘上，极易产生不均匀沉降，因此搅拌加固设计中采用了壁状加固形式，即桩与桩搭接成壁，纵、横方向的水泥土壁又交叉成格栅状，使全部的搅拌桩连成一个整体，如同一个不封底的箱形基础，以减小不均匀沉降。此外，对于一半基础坐落在新填的鱼塘上，另一半坐落在岸坡上的条式住宅楼，则通过不同的桩长设计来调整不均匀沉降。

（2）七层点式住宅楼地基加固设计。

该小区西五区七层点式住宅楼场地为征用的菜地，地基土主要为厚层淤泥质粉质黏土，容许承载力为 70 kPa，表层有 1.5～2.0 m 厚的素填土，容许承载力为 80 kPa。这种七层点式住宅楼的建筑面积为 1 560 m²，基础占地面积为 228.04 m²，基底压力为 152.2 kPa。加固设计分别包括以下三方面内容：

① 搅拌桩单桩的设计。设计桩长考虑场地标高与基底标高之间的距离，单桩承载力按摩擦型桩计算。

② 搅拌桩置换率 m 和桩数 n 的计算。

③ 群桩基础验算。将加固后的桩群视为一个格子状的假想实体基础，然后分别进行承载力验算和沉降验算。

（3）底层为商店的六层条式住宅楼地基加固设计。

该小区西三区 13 号商店住宅楼建在西三区东部鱼塘上，塘底标高＋3.8～＋4.0 m，基底设计标高为＋5.5 m，鱼塘在地基加固施工前新填素黏土 1.5～2.0 m，其下为淤泥质粉质黏土,容许承载力为 65 kPa,新填土容许承载力根据轻便触探锤击数并考虑未固结等因素取 50 kPa。六层条式住宅楼建筑面积为 2 037 m²,条基底面积为 426.7 m²,基底压力为 121.6 kPa。设计分别包括以下三方面内容:

① 搅拌桩单桩的设计。计算桩长按摩擦型桩考虑,不考虑新填土层桩段长度。

② 水泥土搅拌桩置换率 m 和桩数 n 的计算。

③ 群桩基础验算。将加固后的桩群视为一格子状的假想实体基础,然后再分别进行承载力验算和沉降验算。

4)施工

施工参数以及施工工艺此处从略,主要介绍一下变掺量搅拌。

在搅拌桩施工中,根据摩擦型搅拌桩的受力特性,采用了变掺量的施工工艺。所谓变掺量,即桩端、桩中段和桩顶的水泥掺入比相应于桩身应力而变化,即用不同的注浆提升速度和注浆次数来满足各桩段水泥掺入比的要求。

对于土质条件比较复杂的区段,为了保证搅拌质量,在搅拌施工前先用轻便触探仪对全场地进行触探,划分各土层分界线,确定相应的注浆量。

在成桩过程中,凡是由于电压过低或其他原因造成停机或使成桩工艺中断的,当搅拌机重新启动后,为了防止断桩,均将深层搅拌机下沉 0.5 m 后再继续成桩。

5)质量检验

(1)水泥加固土强度检验。

水泥加固土除与被加固土性质、状态、水泥掺入比以及养护龄期等因素有关外,还与所用水泥的质量密切相关。由于搅拌桩水泥掺入比的设计是以水泥加固土的室内试验为根据的,而施工现场所用的水泥往往与室内试验所用的不同,因此实际工程所用的水泥能否达到设计的加固效果是质量检验的首要项目。

为保证水泥加固土强度满足设计要求,当每批施工用的水泥进场后,将事先准备好的土样按设计配方制作成水泥土试块,进行短期的(1 d,3 d,7 d)的强度试验,试验满足要求的水泥才允许投入工程使用,试验不满足要求者应根据具体情况做进一步水泥检验(包括强度和成分)或加大掺量使用。

(2)制桩质量评定。

在保证施工用水泥符合要求的前提下,决定搅拌桩质量的关键是注浆量和搅拌均匀程度。该小区搅拌桩加固工程施工现场由专人负责制桩记录,详细记录每根工程桩的施工工艺,质量检验员根据制桩记录对照标准工艺对每根工程桩进行质量评定。对于不合格的工程桩,由质检员根据具体情况通过分析提出补救措施。

(3)搅拌桩施工质量的现场检验。

根据水泥土室内模型试验资料和水泥土桩工作原理分析,水泥土搅拌桩的桩轴力自上而下逐渐减小,最大桩轴力位于桩顶以下两倍桩直径的深度范围内。由此推断,现场搅拌工程桩最大的桩轴力应在桩顶以下 3 m 范围内。但这部分受力较大的桩段却往往因为缺少上覆土层压力或施工不慎而不密实或搅拌不均匀,从而影响成桩质量。因此,搅拌桩质量检验的重点都一般都放在桩顶以下 4 m 范围内。

该小区深层搅拌工程桩的质量检验主要使用轻便触探仪,在工程桩成桩后的 1 周时间内利用轻便触探的钻头提取桩身水泥土样以观察搅拌均匀程度,同时根据轻便触探击数判断各桩段水泥土的强度。检验桩的数量一般占工程桩总数的 3%～5%。

（4）基槽开挖后验收。

该小区的搅拌桩是根据基础荷载大小布桩,设计要求桩位误差不小于 10 cm,在填石层内遇到障碍物时也不得大于 20 cm。搅拌桩施工时,由于各种因素的影响,有可能造成桩位偏离,但偏离程度只有在基槽开挖后才能准确测定,根据施工记录发现桩头质量有疑问的桩也只有在开挖后才能确定和加以补救。因此验收工作一般均在基槽开挖时进行。

① 桩位验收。基槽开挖后,测放基础轴线或基础轮廓线,记录实际桩位,根据桩偏位的数量、部位和程度对安全度加以分析,确认处理方案。

② 桩头水泥土强度验收。水泥土强度随土样的变化而有较大的差异,搅拌桩水泥土强度参数是根据现场主要土类试验得出的。表层是回填土层,由于回填土类混杂,对加固后的水泥土强度有较大影响,一般根据施工记录和钎探检验,对有疑问的桩头进行水泥土强度检查,如强度不足,即可将软弱部分挖除,回填素混凝土或砂浆。

6）住宅楼竣工后的沉降观测

对该小区 18 栋采用深层搅拌法加固软土地基的住宅楼进行了定期沉降观测。使用一年半后的累计沉降表明,总沉降量较小,而且每栋住宅楼各观测点的沉降量也比较均匀,倾斜率很小,建筑物没有产生裂缝,使用正常。

5.2　高压喷射注浆

5.2.1　概　述

喷射注浆法又称旋喷法,是 20 世纪 70 年代初期最先由日本开发的地基加固技术。传统的注浆方法是在浆液的压力作用下通过对土体的劈裂、渗透、压实达到注浆加固的目的,传统注浆技术已有悠久的历史以及广泛的用途。但是对于细颗粒砂性土通过劈裂难以达到一些工程的要求（难以形成较好质量的加固体,包括均匀性强度和渗透性）。喷射注浆法是通过高速喷射流切割土体并使水泥与土搅拌混合,形成水泥土体加固的做法,恰好弥补了传统方法的不足,同时,由于用喷射流形成的加固体形状灵活,适用多种加固要求,因此当这种方法开发成功后,也就是自 70 年代中期以后,在世界范围内得到很快的传播。我国自 20 世纪 70 年代末起在建筑物基础托换、工业建筑的基坑工程以及水利建设工程中得到应用。90年代起随着我国大规模建设工程的发展,在上海、广州、北京等大城市的地下工程建设以及长江三峡等重大水利工程中的应用,使这项技术在我国的应用范围有了迅速扩大,成为世界上喷射注浆法应用工程量最大的国家之一。在施工机具方面,由于受工程机械制造水平的限制,长期以来我国应用最多的是三管法,自 90 年代后期,二管法的应用得到发展,配套机械的性能也有所提高。现在喷射注浆法已列入国家行业规范建筑地基处理技术规范。

日本在原有的单管法、双管法和三管法的基础上又开发了一系列新的工法,例如多管法、超级旋喷法、双高压法以及和深层搅拌法相结合的多种喷射搅拌法。欧洲在引进日本喷射工法的技术后,在施工机械方面有其自身的特点,例如在隧道工程中有不少采用水平旋喷加固的工程实例,在欧洲也已形成了喷射注浆技术标准。东南亚的泰国和新加坡都是喷射注浆在地下工程中应用较多的国家。在中东,埃及开罗的地铁建设中大量使用喷射注浆加固法,成为世界上单项工程中使用喷射注浆加固工程量最大的项目之一。美国从日本引进喷射注浆技术之后也有一个发展的过程,自20世纪90年代引进超级旋喷工法之后,应用范围有进一步的扩大。喷射注浆法在美国基础托换工程、隧道工程、水利工程中均有应用,而且有的单项工程中使用的规模很大。

1) 定义

高压喷射注浆法,就是利用钻机将带有喷嘴的注浆管钻进至土层预定深度后,以20～40 MPa压力把浆液或水从喷嘴中喷射出来,形成喷射流冲击破坏土层。当能量大、速度快脉动状的射流动压大于土层结构强度时,土颗粒便从土层中剥落下来。一部分细颗粒随浆液或水冒出地面,其余土粒在射流的冲击力、离心力和重力等的作用下,与浆液搅拌混合,并按一定的浆土比例和质量大小有规律地重新排列。浆液凝固后,便在土层中形成一个水泥土固结体。

高压喷射注浆法所形成的固结体的形态与高压喷射流的作用方向、移动轨迹和持续喷射时间有密切关系。一般分为旋转喷射(旋喷)、定向喷射(定喷)和摆动喷射(摆喷)三种,如图5-9所示。

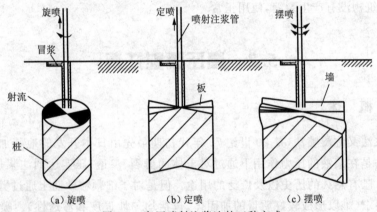

图5-9 高压喷射注浆法的三种方式

喷射法施工时,喷嘴一面喷射一面旋转并提升,固结体呈圆柱状。这种方法主要用于加固地基,提高土的抗剪强度,改善地基的变形性质,也可组成闭合的帷幕,用于截阻地下水流和治理流砂。喷射法施工后,在地基中形成的圆柱体,称为旋喷桩。

定喷法施工时,喷嘴一面喷射一面提升,喷射的方向固定不变,固结体形如板状或壁状。

摆喷法施工时喷嘴一面喷射一面提升,喷射的方向呈较小角度来回摆动,固结体形如较厚墙状。

定喷及摆喷两种方法通常用于基坑防渗、改善地基土的渗流性质和稳定边坡等工程。

2) 喷射注浆法的应用

地基加固通常分为两种类型:结构物的地基加固和施工期间地基加固。前者属永久性加固,后者是施工期间的临时加固。

地基加固按加固目的有以下不同特点:

（1）强度特性的改良，即提高抗剪强度。通过土体强度的改良，以提高地基承载力和斜坡稳定性，防止基坑涌土。

（2）降低土体压缩性。主要是减少土体压缩变形或土体侧向位移引起的地基下沉。

（3）改善透水性。通过加固减少土的透水性以形成防水帷幕，阻止渗水或防止流砂、管涌的发生。

（4）改善动力特性。对松散砂进行地基加固，可防止地基液化，改善抵抗振动荷载的性能。

根据加固所起的作用，旋喷桩设计可以分为下列不同的目的：

（1）止水，形成防水帷幕，切断地下水的渗流。

（2）防止基坑底部软黏土失稳或砂性土管涌以及基坑被动土压力区的加固。

（3）对相邻构筑物或地下埋设物的保护。

（4）旧有构造物地基的补强。

（5）桩基础的补强。

（6）地下盾构法等顶管施工始末端的加固。

3）喷射注浆法的工艺类型

（1）单管法、二重管法和三重管法。

单管法、二重管法和三重管法是目前使用最多的方法，其加固原理基本是一致的。

单管法和二重管法中的喷射管较细，因此，当第一阶段贯入土中时，可借助喷射管本身的喷射或振动贯入，只是在必要时，才在地基中预先成孔（孔径为 10～56 cm），然后放入喷射管进行喷射加固。采用三重管法时，喷射管直径通常是 7～9 cm，结构复杂，因此有时需要预先钻一个直径为 15 cm 的孔，然后置入三重喷射管进行加固。成孔可以采用一般钻探机械，也可采用振动机械等。各种加固法，均可根据具体条件，采用不同类型的机具和仪表。

单管法施工的一种工艺布置如图 5-10 所示。其中，水泥、水和膨润土采用称量系统，并进行二次搅拌、混合，然后输入到高压泵。

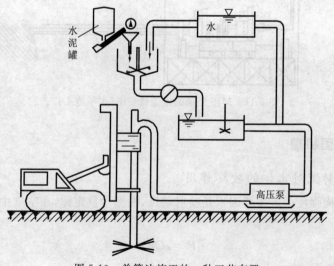

图 5-10 单管法施工的一种工艺布置

（2）RJP 工法。

RJP 工法全称为 Rodin Jet Pile 工法,是在三重管工法的基础上开发出来的。它仍使用三重管,分别输送水、气、浆,与原三重管工法不同的是,水泥浆用高压喷射,并在其外围环绕空气流,进行第二次冲击切削土体。RJP 工法固结体直径大于三重管工法。

（3）SSS-MAN 工法。

SSS-MAN 工法需要先打一个导孔置入多重管,利用压力大于或等于 40 MPa 的高压水射流,旋转运动切削破坏土体,被冲下来的土、砂和砾石等,立即用真空泵从管中抽出到地面,如此反复冲切土体和抽泥,并以自身的泥浆护壁,便在土中冲出一个较大的空洞,依靠土中自身的泥浆的重力和喷射余压使空洞不坍塌。装在喷头上的超声波传感器及时测出空洞的直径和形状,由电脑绘出空洞图形。当空洞的形状、大小和高低符合设计要求后,立即通过多重管充填空洞。填充的材料根据工程需要随意选用,水泥浆、水泥砂浆、混凝土等均可。本工法提升速度很慢,固结体的直径大,在砂层中可达 $\phi 4.0$ m,并可做到信息化管理,施工人员完全可以掌握固结体的直径和质量。

（4）MJS 工法。

MJS 工法是一种多孔管的工法,以高压水泥浆加四周环绕空气流的复合喷射流冲击切削破坏土体,并从管中抽出泥浆,固结体的直径较大。浆液凝固时间的长短可通过速凝剂喷嘴注入速凝液量调控,最短凝固时间可做到瞬时凝固,这是其他高压喷射注浆法难以达到的。施工时根据地压的变化,调整喷射压力、喷射量、空气压力和空气量,就可增大固结效果和减小对周边的影响。固结体的形状不但可做成圆形,还可做成半圆形。水平施工示意见图 5-11。

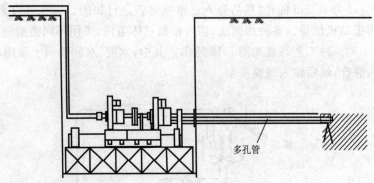

图 5-11　MJS 工法的施工概要图(水平施工)

5.2.2　加固机理

1）高压喷射流对土体的破坏作用

破坏土体结构强度的最主要因素是喷射动压,根据动量定律,在空气中喷射时的破坏力为:

$$P = \rho Q v_{\mathrm{m}} \tag{5-18}$$

式中　P——破坏力,$(kg \cdot m)/s^2$;

　　　ρ——喷射流密度,kg/m^3;

Q——喷射流流量，$\mathrm{m^3/s}$；

v_m——喷射流的平均速度，$\mathrm{m/s}$。

$$Q = v_\mathrm{m}A$$
$$P = \rho A v_\mathrm{m}^2 \tag{5-19}$$

式中　A——喷嘴截面积，$\mathrm{m^2}$。

破坏力对于某一密度的液体而言，与该射流的流量（Q）、流速（v_m）的乘积成正比，而流量（Q）又为喷嘴截面积（A）与流速（v_m）的乘积。所以在一定的喷嘴面积 A 的条件下，为了获得更大的破坏力，需要增加平均流速，也就是需要增加喷射压力；一般要求高压脉冲泵的工作压力在 20 MPa 以上，这样就使射流像刚体一样冲击破坏土体，使土与浆液搅拌混合，凝固成圆柱状的固结体。

喷射流在终期区域能量衰减很大，不能直接冲击土体使土颗粒剥落，但能对有效射程的边界土产生挤压力，对四周土有压密作用，并使部分浆液进入土粒之间的空隙里，使固结体与四周土紧密结合，不产生脱离现象。

2）水（浆）、气同轴喷射流对土的破坏作用

单射流虽然具有巨大的能量，但由于压力在土中急剧衰减，因此破坏土的有效射程较短，致使旋喷固结体的直径较小。

当在喷嘴出口的高压水喷射流的周围加上圆筒状空气射流，进行水、气同轴喷射时，空气流使水或浆的高压喷射流从破坏的土体上将土粒迅速吹散，使高压喷射流的喷射破坏条件得到改善，阻力大大减小，能量消耗降低，因而增大了高压喷射流的破坏能力，形成的旋喷固结体的直径较大，图 5-12 为不同类喷射流中动水压力与距离的关系，图中表明，高速空气具有防止高速水射流动压急剧衰减的作用。

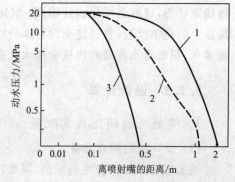

图 5-12　喷射流轴上动水压力与距离的关系
1—高压喷射流在空气中单独喷射；
2—水、气同轴喷射流在水中喷射；
3—高压喷射流在水中单独喷射

旋喷时，高压喷射流在地基中将土体切削破坏。其加固范围就是喷射距离加上渗透部分或压缩部分的长度为半径的圆柱体。一部分细小的土粒被喷射的浆液所置换，随着液流被带到地面上（俗称冒浆），其余的土粒与浆液搅拌混合。在喷射动压力、离心力和重力的共同作用下，在横断面上土粒按质量大小有规律地排列起来，小颗粒在中部居多，大颗粒多数在外侧或边缘部分，形成了浆液主体搅拌混合、压缩和渗透等部分，经过一定时间便凝固成强度较高且渗透系数较小的固结体。随着土质的不同，横断面结构也多少有些不同。旋喷体不是等颗粒的单体结构，固结质量也不均匀，通常是中心部分强度低，边缘部分强度高。

定喷时，高压喷射注浆的喷嘴不旋转，只做水平的固定方向喷射，并逐渐向上提升，于是便在土中冲成一条沟槽，并把浆液灌进槽中，最后形成一个板状固结体。固结体在砂性土中有一部分渗透层，而在黏性土中却无这一部分渗透层。

在大砾石层中进行高压喷射注浆时，因射流不能将大砾石破碎和移位，只能绕行前进并充填其空隙，其机理接近于静压灌浆理论中的渗透灌浆机理。

在腐殖土中进行高压喷射注浆时,固结体的形状及性质受植物纤维粗细长短、含水量高低及土颗粒多少影响很大。在含细短纤维不太多的腐殖土中喷射注浆时,纤维的影响很小,成桩机理与在黏性土中相同。在含粗长纤维不太多的腐殖土中喷射注浆时,射流仍能穿过纤维之间的空隙而形成预定形状的固结体;但在粗长纤维密集部位,射流受严重阻碍导致破坏力大为降低,固结体难以形成预定形状且强度受到显著的影响。

3) 水泥与土的固结机理

水泥和水拌和后,首先产生铝酸三钙水化物和氢氧化钙,它们可溶于水中,但溶解度不高,很快就达到饱和,这种化学反应连续不断地进行,就析出一种胶质物。这种胶质物有一部分混在水中悬浮,后来就包围在水泥微粒的表面,形成一层胶凝薄膜。所生成的硅酸二钙水化物几乎不溶于水,只能以无定形体的胶质包围在水泥微粒的表层,另一部分渗入水中。由水泥各种成分所生成的胶凝膜逐渐发展起来成为胶凝体,此时表现为水泥的初凝状态,开始有胶黏的性质。此后,水泥各成分在不缺水、不干涸的情况下,继续不断地按上述水化程序发展、增强和扩大,从而产生下列现象:① 胶凝体增大并吸收水分,使凝固加速,结合更密;② 由于微晶(结核晶)的产生进而生出结晶体,结晶体与胶凝体相互包围渗透并达到一种稳定状态,这就是硬化的开始;③ 水化作用继续渗入到水泥微粒内部,使未水化部分再参加以上的化学反应,直到完全没有水分以及胶质凝固和结晶充盈为止。但无论水化时间持续多久,很难将水泥微粒内核全部水化完,所以水化过程是一个长久的过程。

5.2.3 设计计算

1) 喷射孔的间距及其配置

(1) 设计前的调查准备。

当旋喷注浆加固方案确定后,需要深入进行实地调查。

① 工程地质勘测和土质调查。内容包括所在区域的工程地质概况;基岩形态、深度和物理力学特性;各土层的层面状态,各层土的种类及其颗粒组成、化学成分、有机质和腐殖酸含量、天然含水量、液限、塑限、c 值、φ 值、N 值、抗压强度、裂隙通道和洞穴情况等。资料中要附有各钻孔的柱状图或地质剖面图。

② 钻孔的间距,按一般建筑物详细勘察时的要求进行,但当水平方向变化较大时,宜适当加密孔距。

③ 水文地质情况。包括地下水位高程,各土层的渗透系数,附近地沟、暗河的分布和连通情况,地下水特性,硫酸根和其他腐蚀性物质的成分与含量,地下水的流量、流向等。

④ 环境调查。包括地形、地貌施工场地的空间大小和地下埋设物状态,材料和机具运输道路,水电线路及居民情况。

⑤ 室内配方与现场喷射试验。为了解喷射注浆后固结体可能具有的强度和决定浆液合理的配合比,必须取现场的各层土样,在室内按不同的含水量和配合比进行配方试验,优选出最合理的浆液配方。对规模较大及性质较重要的工程,设计完成以后,要在现场进行试验,查明旋喷固结体的直径和强度,验证设计的可靠性和安全度。

(2) 喷射参数的设计。

① 旋喷直径的确定。应根据估计直径来选用喷射注浆的种类和喷射方式。对于大型

的或重要的工程,估计直径应在现场通过试验确定。

② 单桩承载力。单桩承载力的变化很大,必须经过现场试验确定。

③ 固结土强度的设计。根据设计直径和总桩数来确定固结土的强度。一般情况下,黏性土固结强度为 5 MPa,砂性土固结强度为 10 MPa。对于重要性强和允许承载力大的工程,可选用高标号硅酸盐水泥,通过室内试验确定浆液的水灰比或添加外加剂。

(3) 布孔形式及孔距。

① 堵水防渗。堵水防渗工程中,最好按双排或三排布孔,旋喷桩形成帷幕。孔距应为 $1.73R_0$(其中,R_0 为旋喷设计半径)、排距为 $1.5R_0$ 最经济,布孔孔距如图 5-13 所示。如果想增加每一排旋喷桩的交圈厚度,可适当缩小孔距,按式(5-20)计算孔距(见图 5-14)。

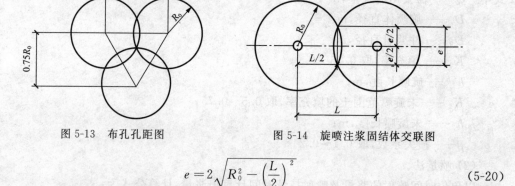

图 5-13　布孔孔距图　　　　图 5-14　旋喷注浆固结体交联图

$$e = 2\sqrt{R_0^2 - \left(\frac{L}{2}\right)^2} \tag{5-20}$$

式中　e——旋喷桩的交圈厚度,m;

　　　R_0——旋喷桩的半径,m;

　　　L——旋喷桩孔位的间距,m。

定喷也是一种常用的堵水防渗方法,由于喷射出的板墙薄而长,不但成本较旋喷低,而且整体连续性也高。相邻孔定喷连接形式如图 5-15 所示。为了保证定喷板墙连接成一帷幕,各板墙之间要搭接才行。

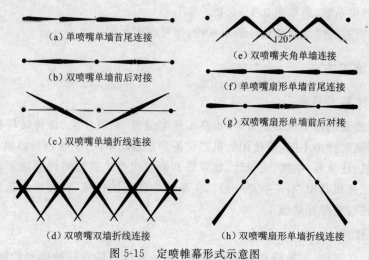

(a) 单喷嘴单墙首尾连接　　　　　(e) 双喷嘴夹角单墙连接

(b) 双喷嘴单墙前后对接　　　　　(f) 单喷嘴扇形单墙首尾连接

(c) 双喷嘴单墙折线连接　　　　　(g) 双喷嘴扇形单墙前后对接

(d) 双喷嘴双墙折线连接　　　　　(h) 双喷嘴扇形单墙折线连接

图 5-15　定喷帷幕形式示意图

② 加固地基。提高地基承载力的加固工程中,旋喷桩之间的距离可适当加大,不必交圈,其孔距 L 以旋喷桩直径的 2~3 倍为宜,这样可以充分发挥土的作用。布孔形式按工程需要而定。

2)注浆材料

水泥是最便宜的注浆材料,种类也较多,是旋喷注浆的基本浆液。

3)注浆材料的使用数量

浆量计算方法有两种,即体积法和喷量法,取其大者作为喷射浆量。

(1)体积法。

$$Q = \frac{\pi}{4} D_e^2 K_1 h_1 (1+\beta) + \frac{\pi}{4} D_0^2 K_2 h_2 \qquad (5-21)$$

式中 Q——需要用的浆量,m^3;

       D_e——旋喷体直径,m;

       D_0——注浆管直径,m;

       K_1——填充率,取 0.75~0.9;

       h_1——旋喷长度,m;

       K_2——未旋喷范围土的填充率,取 0.5~0.75;

       h_2——未旋喷长度,m;

       β——损失系数,取 0.1~0.2。

(2)喷量法。

以单位时间喷射的浆量及喷射持续时间计算出浆量,计算公式为:

$$Q = \frac{H}{v} q (1+\beta) \qquad (5-22)$$

式中 Q——浆量,m^3;

       v——提升速度,m/min;

       H——喷射长度,m;

       q——单位时间喷浆量,m^3/min;

       β——损失系数,通常为 0.1~0.2。

根据计算所需的喷浆量和设计的水灰比,即可确定水泥的使用数量。

5.2.4 施工方法

1)施工机器及设备

高压喷射注浆的施工机器及设备,由高压发生装置、钻机注浆、特种钻杆和高压管路四部分组成。因喷射种类不同,所使用的机器设备和数量均不同,主要包括钻机、高压泵、泥浆泵、空气压缩机、注浆管、喷嘴、流量计、输浆管和制浆机等。进行喷注浆施工机具的组配是比较简单的,上述机具中,有一些是一般施工单位中常备的机械,只要适当选购和做局部修改即可配套,进行旋喷注浆施工。

2)施工程序

虽然单管、二重管、三重管和多重管喷射注浆法所注入的介质种类和数量不相同,但它们的工序是基本一致的,都是先把钻杆插入或打进预定土层中,自下而上进行喷射注浆作业。图 5-16 为高压喷射注浆施工流程示意图。

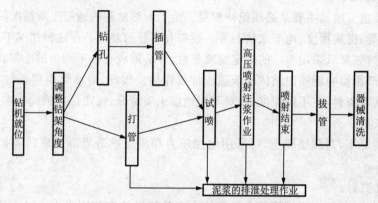

图 5-16　高压喷射注浆施工流程示意图

高压喷射注浆施工程序如下:

(1) 钻机就位。

(2) 钻孔。

钻孔的目的是将旋喷注浆插入预定的地层中。

(3) 插管。

插管是将旋喷注浆管插入地层预定的深度。在插管过程中,为防止泥砂堵塞喷嘴,边射水、边插管,水压力一般不超过 1 MPa。如果压力过高,容易将孔壁射塌。

(4) 喷射作业。

当喷管插入预定深度后,由下而上进行喷射作业。

(5) 冲洗。

当喷射提升到设计标高后,旋喷即告结束。施工完毕应把注浆管等机具设备冲洗干净,管内机内不得残存水泥浆。通常把浆液换成水在地面上喷射,以便把泥浆泵、注浆软管内的浆液全部排出。

(6) 移动机具。

把钻机等机具设备移到新孔位上。

高压喷射注浆过程如图 5-17 所示。

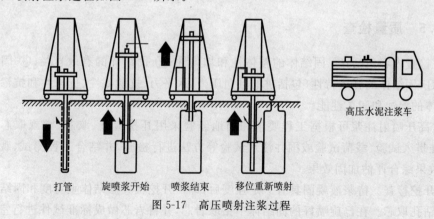

图 5-17　高压喷射注浆过程

3）喷射工艺

（1）喷射深层长桩。

旋喷注浆施工地基主要是第四纪冲积层。由于天然地基的地层土质情况沿着深度变化较大，土质种类、密实程度、地下水状态等一般都有明显的差异。在这种情况下，旋喷深层长桩形固结体时，如果只采用单一的固定旋喷参数，势必形成直径不均匀的上部较粗下部较细的固结体，将严重影响旋喷固结体的承载或抗渗作用。因此，对旋喷深层长桩，应按地质剖面图及地下水等资料，在不同深度，针对不同地层土质情况，选用合适的旋喷参数，才能获得均匀密实的长桩。

在一般情况下，对深层硬土，可采用增加压力和流量或适当降低旋转和提升速度等方法。

（2）重复喷射。

根据喷射机理可知，在不同的介质环境中有效喷射长度差别很大。对土体进行第一次旋喷时，喷射流冲击对象为破坏原状结构土。如果在原位进行第二次喷射（即重复喷射），则喷射流冲击破坏对象已改变，成为浆土混合液体。冲击破坏所遇到的阻力较第一次喷射时小，因此在一般情况下，重复喷射有增加固结体直径的效果，增大的数值主要随土质密度而变。

（3）冒浆的处理。

在旋喷过程中，往往有一定数量的土粒，随着一部分浆液沿着注浆管管壁冒出地面。通过对冒浆的观察，可以及时了解土层状况、旋喷的大致效果和旋喷参数的合理性等。根据经验，冒浆（内有土粒、水及浆液）量小于注浆量 20% 者为正常现象，越过 20% 或完全不冒浆时，应查明原因，采取相应的措施。

（4）控制固结形状。

固结体的形状，可以通过调节喷射压力和注浆量，改变喷嘴移动方向和速度予以控制。

（5）消除固结体顶部凹穴。

当采用水泥浆液进行旋喷时，在浆液与土搅拌混合后的凝固过程中，由于浆液析水作用，一般均有不同程度的收缩，造成在固结体顶部出现一个凹穴。凹穴的深度随土质、浆液的析出性、固结体的直径和全长等因素而不同。一般深度在 0.3～1.0 m 之间。这种凹穴现象，对于地基加固或防渗堵水，是极为不利的，必须采取措施予以消除。

5.2.5　质量检查

（1）检查内容包括：① 固结体的整体性和均匀性；② 固结体的有效直径；③ 固结体的垂直度；④ 固结体的强度特性（包括桩的轴向压力、水平力、抗酸碱性、抗冻性和抗渗性等）；⑤ 固结体的溶蚀和耐久性能。

（2）高压喷射注浆可根据工程要求和当地经验采用开挖检查、取芯（常规取芯或软取芯）、标准贯入试验、载荷试验或围井注水试验等方法进行检验，并结合工程测试、观测资料及实际效果综合评估加固效果。

① 开挖检查。待浆液凝固具有一定强度后，即可开挖检查固结体垂直度和固结形状。

② 钻孔取芯。在已旋喷好的固结体中钻取岩芯，并将岩芯做成标准试件进行室内物理

和力学性能的试验。根据工程的要求亦可在现场进行钻孔,做压力注水和抽水两种渗透试验,测定其抗渗能力。

③ 标准贯入试验。在旋喷固结体的中部可进行标准贯入试验。

④ 静载荷试验。静载荷试验分垂直和水平载荷试验两种。进行垂直载荷试验时,需在顶部 0.5～1.0 m 范围内浇筑 0.2～0.3 m 厚的钢筋混凝土桩帽;进行水平推力载荷试验时,在固结体的加载受力部位,浇筑 0.2～0.3 m 厚的钢筋混凝土加荷面,混凝土的强度等级不低于 C20。

(3) 检验点应布置在下列部位:① 有代表性的桩位;② 施工中出现异常情况的部位;③ 地基情况复杂,可能对高压喷射注浆质量产生影响的部位。

(4) 检验点的数量为施工孔数的 1%,并不应少于 3 点。检验宜在高压注浆结束 28 d 后进行。

(5) 竖向承载旋喷桩地基竣工验收时,承载力检验应采用复合地基载荷试验和单桩载荷试验,检验数量为桩总数的 0.5%～1%,且每项单体工程不应少于 3 点。

(6) 高压旋喷桩复合地基载荷试验完成后,当从复合地基静载荷试验的压力-沉降曲线上按相对变形值确定复合地基承载力的特征值时,可取 s/b 或 s/d(s 为载荷试验承压板的沉降量;b 和 d 分别为承压板宽度和直径,当其值大于 2 m 时,按 2 m 计算)等于 0.006 所对应的压力作为复合地基承载力特征值。

5.2.6　工程实例

1) 工程概况

辽阳市某排水站,装机容量为 440 kW,排水量为 48 m²/s,位于太子河冲积平原中游,站址在右岸河岸上。该站的任务是排除万余亩土地的内涝积水,河堤保证下游 10 万亩农田防洪安全。堤站主要技术参数为:堤顶高程 21.5 m(堤身高 4～5 m);设计洪水位 20.3 m(洪水频率为 20 年一遇,即 $P=5\%$);前池最低工作水位 14.1 m;排水方形涵洞为钢筋混凝土结构,过水断面(高×宽)为 1.5 m×2.5 m,洞长 31.3 m。

该站 1975 年建成投入运行,正值太子河水位上涨,泵站上下游水位差达 3.5 m,前池右侧挡土墙出现多处喷射状渗水和涌砂,翼墙边坡亦出现沉陷,塌坑直径约 3 m,深度约 0.5 m。1984 年泵站排水时,排水渠道与前池水位差仅为 1 m 左右,前池翼墙再次发生夹砂渗流。通过检查,涵洞内无渗水裂缝,排除了由内向外渗漏的可能性。据运行期间的渗漏情况及对地下轮廓线的检验,发现该站渗漏的主要原因是方涵的渗漏,促成了方涵与坝体之间产生接触冲刷及流土等渗漏变形,而且已构成了较大的渗漏通道,同时还查明了堤内空隙裂缝比较严重,多年来一直被列为辽阳市的重点险工之一。

为了弥补方涵渗径的不足,决定在其四周采用高压喷射注浆法,形成一道防渗帷幕。

2) 地质情况

站址地基为 20 余米的粉质细砂夹薄层粉质壤土地层,附近 3 000 多米堤段,均由此种土筑成。

3) 设计

高压喷射注浆防渗帷幕深度按下式计算:

$$h = \frac{\Delta H C_1 - L}{2}$$

式中　h——帷幕深度，m；

　　　ΔH——上、下游水位差，m；

　　　L——原有的底板轮廓线长度，m；

　　　C_1——$C_1 = \frac{kL}{\Delta H}$，对于粉细砂地层，有反滤层时，$k = \frac{h}{0.7}$。

经计算，取 C_1 为 4.0，则 $h = 6.4$ m。方涵底面高程为 13.45 m，则帷幕底部高程为 7.05 m。方涵两侧帷幕宽度按下式计算：

$$b = \frac{\Delta H C - L}{2}$$

式中　b——每侧帷幕宽度，m；

　　　C——系数，无反滤层时，$C = 7$。

经计算，$b = 12.9$ m，每侧宽取 $b = 14$ m。

同时为解决方涵外壁、堤基和堤身的渗漏问题，在平行于堤轴线的方向上，喷射一道厚 7~9 cm 的旋喷桩插入堤基，形成防渗帷幕。据计算：帷幕顶部高程略高于设计洪水位，为 20.5 m；在方涵轴线两侧 14 m 左右的帷幕底部高程略低于方涵底板 6.4 m；在 14 m 以外部分底部高程为 4.5 m。

由于方涵断面尺寸较大，钻孔与喷射又只能在方涵两侧进行，因而孔间距达 3.4 m。

为了保证帷幕与方涵四周有良好的结合，在邻近方涵左右两个孔中各做三次重复喷射，其中两次定向喷射，一次旋转喷射，以便在此处形成两道防渗墙，确保方涵与帷幕相连以及两孔喷射板连接的质量，并可使周围的缝隙得到填充。

4）施工概况

本高压喷射注浆工程全部使用三管喷射注浆，以定向喷射为主，个别部位采用旋转喷射。

三管喷射注浆法的主要设备有：高压柱塞泵、三重管、泥浆泵、空气压缩机、钻机、喷射台车、泥浆搅拌机及流量压力控制柜等。

注浆材料为黏土水泥浆，由当地黏土（中液限黏质土）和 32.5 级矿渣硅酸盐水泥混合而成。其配方为水∶灰∶土 = 3.3∶1∶0.5，浆材相对密度约为 1.36，黏度为 34~36 mPa·s，固结体的抗压强度为 2.2~2.6 MPa，弹性模量为 $9.8 \times 10^2 \sim 1.0 \times 10^3$ MPa。施工射水压力为 20~25 MPa。

自 1985 年 6 月 14 日开始施工，仅用 20 余天时间，造孔 390.2 m，喷射 349.7 延米，形成帷幕 709.2 m²。

5）效果及评价

为了监测堤身和方涵渗漏情况，在平行于方涵轴线方向布置了一个水位观测断面，在帷幕上、下游及背水坡脚处共埋设了 3 个开放式测压管。

旋转喷射及定向喷射后，帷幕上下游产生了明显的水位差，前池翼墙的渗漏现象消除。

1985 年 8—9 月，在连日阴雨及数次台风的影响下，太子河水位、流量及站址附近高水位的持续时间，均超过了 1975 年的洪水周期，但没有发生任何渗漏现象，帷幕起到了防渗降压作用(见表 5-7)。

本工程当年施工当年见效,使排水站摘掉了重点险工的帽子。实践表明,高压喷射注浆法具有施工简单、造价低的优点,而更突出的优点是不需要开挖即可处理隐蔽工程,因而非常适用于已建成的建(构)筑物地基的处理。

表 5-7　排水站处理前、后渗漏比较表

处理前、后	时　间	上下游水位差/m	高水头持续时间/d	坝后渗漏情况
处理前	1975 年汛期	3.5	1	渗漏严重,成喷射状涌砂
	1984 年排内水	1.0	0.6	挟砂渗漏
处理后	1985 年汛期	4.5	4	无渗漏现象

第 6 章

土的加筋

土的加筋(soil reinforcement)是指在软弱土层中沉入碎石桩(或砂桩),或在人工填土的路堤或挡墙内铺设土工合成材料(或钢带、钢条、尼龙绳等),或在边坡内打入土锚(或土钉、树根桩等)作为加筋,使这种人工复合的土体可承受拉力、压力、剪力和弯矩作用,借以提高地基承载力、减少沉降和增加地基稳定性。这种加筋作用的人工材料称为筋体。由土和筋体所组成的复合土体称为加筋土。图 6-1 所示为几种土的加筋技术的工程应用。

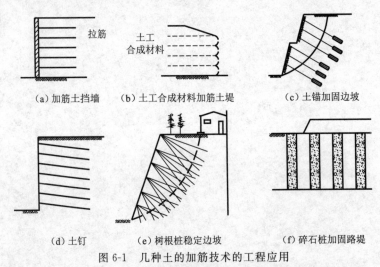

图 6-1　几种土的加筋技术的工程应用

实际上,加筋土的概念并不新鲜,利用天然材料加筋来改善土体性状历史悠久。动物利用树枝、稻草、芦苇和泥建成栖息的巢穴,就本能地演示了加筋土的基本原理。我国劳动人民很早就采用草桔等材料掺入胶泥盖屋或用柴枝褥垫修路。汉武帝时以草枝筑造长城,这些均是自发地利用带筋或纤维加筋加固的典型例子。

现代土的加筋技术的发展始于 20 世纪 60 年代初。1963 年,法国工程师亨利·维多尔(Henri Vidal)首先在三轴试验中发现,当土中掺有纤维材料时,其强度可明显提高到原有强度的好几倍,并据此提出了加筋土的概念和设计理论,成为加筋土发展历史上的一个重要里程碑,标志着现代加筋土技术的兴起。应用此理论,1965 年法国在比利牛斯山的普拉格尔斯(Prageres)成功地修建了世界上第一座公路加筋土挡土墙。法国在加筋土技术方面的成功应用引起了世界各国工程界、学术界的重视,加筋土的研究和应用迅猛发展起来。它作为支挡结构,被应用于挡墙、桥台、港口岸墙和地下结构等;作为土体的稳定系,被用于道路路堤、水工坝体、码头护墙、边坡稳定和加固地基等。加筋材料也从天然植物、帆布、金属发展到预制钢筋混凝土和土工合成材料。《地下建设》杂志(1979 年)曾将加筋土誉为"继钢筋混凝土和预应力钢筋混凝土之后又一造福人类的重要复合材料",土体加筋是加固土体的三大法宝之一。

本书第 3 章中曾介绍过的碎石桩和砂桩加固技术等均属于加筋土范畴,此处不再赘述。本章将分别介绍加筋土挡墙、土工合成材料和土钉技术。

6.1　加筋土挡墙

6.1.1　概　述

加筋土挡墙(reinforced earth wall)是由填土和在填土中布置一定量的带状筋体(或称拉筋)以及直立的墙面板三部分组成一个整体的复合结构。这种结构内部存在着墙面土压力、拉筋的拉力及填料与拉筋间的摩擦力等相互作用的内力,并互相平衡,保证了这个复合结构的内部稳定。同时,加筋土挡墙这一复合结构,要能抵抗拉筋尾部后面填土所产生的侧压力,即保持加筋土挡墙的外部稳定,从而使整个复合结构稳定。

加筋土挡墙的优点:

(1) 它可做成很高的垂直填土,从而减少占地面积,这对不利于放坡的地区、城市道路以及土地珍贵的地区而言,有着巨大的经济意义。这是它的最大优点。

(2) 充分利用材料性能,尤其是土与拉筋的共同作用,使挡墙结构轻型化,其混凝土体积相当于重力式挡墙的 3%~5%,故其造价可节约 40%~60%,且墙越高经济效益越佳(见图 6-2)。

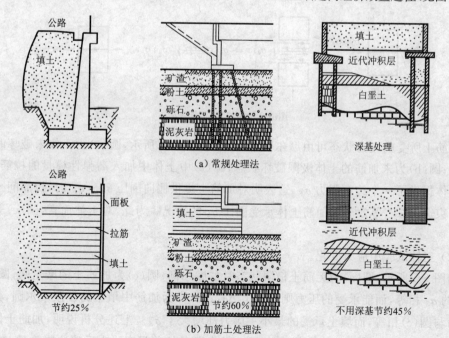

图 6-2　加筋土挡墙的应用及经济比较

（3）面板、筋带可在工厂定制和加工，不但保证质量，而且降低了原材料消耗；另外面板的形式也可根据需要选择，拼装完成后造型美观，适合于城市道路的支挡工程。

（4）由于构件较轻，施工简便，除需配备压实机械外，不需配备其他机械，施工易于掌握，质量易于控制，可节省劳动力和缩短工期，且施工时无噪音。

（5）适应性好，加筋土挡墙是由各构件相互拼接而成的，具有柔性结构的性能，可承受较大的地基变形。

（6）加筋土挡墙这一复合结构的整体性较好，所以在地震波作用下，较其他类型的挡土结构稳定性强，具有良好的抗震性能。

由于加筋土挡墙在国内主要用于公路工程，为此，本节中有关土名及术语仍采用公路系统称谓。

6.1.2　加固机理

1）加筋土基本原理

20 世纪 60 年代，Henri Vidal 用三轴试验证明，在砂土中加入少量纤维后，土体的抗剪强度可提高 4 倍多。他认为在土样试件上施加竖向压力时，一定会产生侧向膨胀，若将不能产生侧向膨胀（与土相比）的拉筋埋入试件中，由于拉筋与土之间的摩擦，就会阻止试件产生侧向膨胀，犹如在试件上施加一个水平作用力，当垂直压力增加时，水平约束力也成比例增加，只有当土与拉筋间失去摩擦或拉筋断裂，试件才能产生破坏。该现象可用摩尔-库仑破坏理论分析。

（1）在侧向变形条件下土体中应力变化。

如图 6-3 所示。加筋土所受的应力可分解为拉筋力和拉筋间土承受的应力。

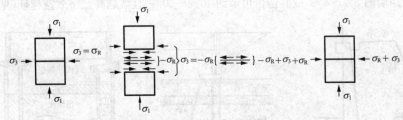

图 6-3　加筋土应力分析

加筋土所受的应力状态可由摩尔圆来表示。如图 6-4 所示，圆（a）为土体未破坏时的应力状态；圆（b）为未加筋的土体极限破坏状态；圆（c）中土体中加入高弹性模量的拉筋后，拉筋对土体提供了一个约束阻力 σ_R，这表明对加筋土提供侧向围压 $\sigma_{3f} - \sigma_R$ 时，拉筋间土实际承受约束力为 σ_{3f}，等效于未加筋土体承受围压 σ_{3f} 的情况。为此，对土体而言，圆（c）等效于圆（b）。

（2）三轴试验中应力变化。

如图 6-5 所示，圆（a）为无筋土极限状态时的摩尔圆；圆（c）为加筋土的摩尔圆，圆（c）和圆（a）的 σ_3 相等，而能承受的压力则增加了 $\Delta \sigma_1$；圆（b）为加筋中填土的极限摩尔圆，其最大主应力与圆（c）相等，而填土承受的最小主应力却增大了 σ_R。上述分析说明，加筋土体的强度有了增加，因而即使对砂性土而言，必应有一条新的抗剪强度线来反映这些关系。实际证明,加筋土内摩擦角与未加筋土体相似,所不同的是增加了 Δc 值,亦即加筋的作用相当于土体强度增加了黏聚力 Δc。

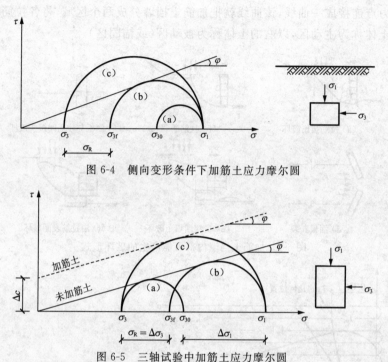

图 6-4　侧向变形条件下加筋土应力摩尔圆

图 6-5　三轴试验中加筋土应力摩尔圆

2）加筋土挡墙破坏机理

加筋土挡墙的整体稳定性取决于加筋土挡墙的外部和内部的稳定性。图 6-6 和图 6-7 为加筋土挡墙外部和内部可能产生的几种破坏形式。

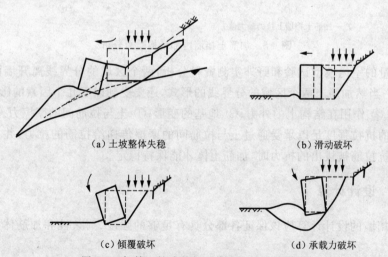

（a）土坡整体失稳　　　　　　　　　（b）滑动破坏

（c）倾覆破坏　　　　　　　　　（d）承载力破坏

图 6-6　加筋土挡墙外部可能产生的破坏形式

从加筋土挡墙内部结构受力分析(见图 6-8),由于土压力的作用,土体中产生一个破裂面,破裂面的滑动棱体达到极限状态。在土中埋设拉筋后,趋于滑动的棱体通过土与拉筋间的摩擦作用有将拉筋拔出的倾向。因此,这部分的水平分力 τ 的方向指向墙外。滑动棱体后面的土体则由于拉筋和土体间的摩擦作用把拉筋锚固在土中,从而阻止拉筋被拔出,这一部分的水平分力是指向土体。两个水平方向分力的交点就是拉筋的最大应力点。将每根拉筋的最大应力点连接成一曲线,该曲线就把加筋土挡墙分成两个区域,将各拉筋最大应力点连线以左的土体称为主动区,以右的土体称为被动区(或锚固区)。

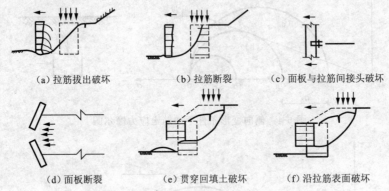

(a) 拉筋拔出破坏 (b) 拉筋断裂 (c) 面板与拉筋间接头破坏

(d) 面板断裂 (e) 贯穿回填土破坏 (f) 沿拉筋表面破坏

图 6-7 加筋土挡墙内部可能产生的破坏形式

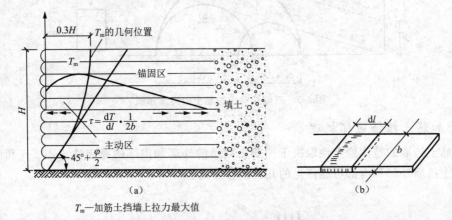

T_m—加筋土挡墙上拉力最大值

图 6-8 加筋土挡墙内部结构受力分析

通过大量的室内模型试验和野外实测资料分析,两个区域的分界线离开墙面的最大距离为 $0.3H$。当然加筋土两个区域的分界线的形式,还要受到以下几个因素的影响:① 结构的几何形状;② 作用在结构上的外力;③ 地基的变形;④ 土与拉筋间的摩擦力。

当拉筋的抗拉强度足以承受通过土与拉筋间的摩擦传递给拉筋的拉力,并且在锚固区内能足以抵抗拉筋被拔出的抗力时,加筋土体才能保持稳定。

6.1.3 设计计算

加筋土挡墙的设计计算应该保证各部分具有足够的强度、耐久性和加筋体的整体稳定性。

1) 加筋土挡墙的形式

加筋土挡墙一般修建在填方地段,如在挖方地段使用则需增大土方数量。它可应用于道路工程中路肩式及路堤式挡墙(见图 6-9)。

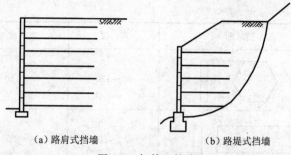

（a）路肩式挡墙   （b）路堤式挡墙

图 6-9　加筋土挡墙

根据拉筋不同配置的方法,可分为单面加筋土挡墙(见图 6-9)、双面分离式加筋土挡墙和双面交错式加筋土挡墙(见图 6-10)以及台阶式加筋土挡墙(见图 6-11)。

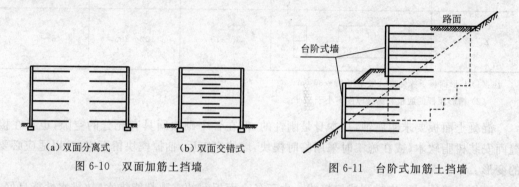

（a）双面分离式　　　（b）双面交错式

图 6-10　双面加筋土挡墙

图 6-11　台阶式加筋土挡墙

2）加筋土挡墙的材料与构件

（1）面板。

国内面板一般采用混凝土预制构件,其强度等级不应低于 C20,厚度不应小于 80 mm。面板设计应满足坚固、美观、运输方便和易于安装等要求。

面板通常可选用十字形、槽形、六角形、L 形、矩形和 Z 形等,一般尺寸见表 6-1。面板上的拉筋结点,可采用预埋拉环、钢板锚头或预留穿筋孔等形式。钢拉环应采用直径不小于 10 mm 的 I 级钢筋,钢板锚头应采用厚度不小于 3 mm 的钢板,露于混凝土外部的钢拉环和钢板锚头应做防锈处理,土工合成材料与钢拉环的接触面应做隔离处理。面板四周应设企口和相互连接装置。当采用插销连接装置时,插销直径不应小于 10 mm。

表 6-1　面板类型及尺寸表　　　　　　　　　　（单位：cm）

类　型	简　图	高　度	宽　度	厚　度
十字形	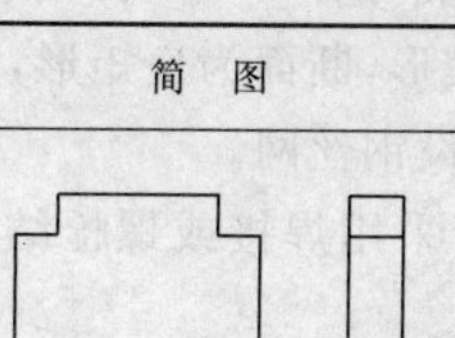	50~150	50~150	8~25
槽　形	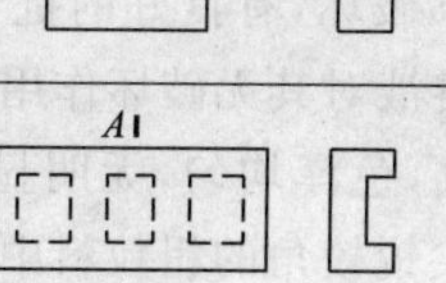	30~75	100~200	14~20

类　型	简　图	高　度	宽　度	厚　度
六角形		60～120	70～180	8～25
L　形		30～50	100～200	8～12
矩　形		50～100	100～200	8～25
Z　形		30～75	100～200	8～25

注:(1) L形面板下缘宽度一般采用 20～30 cm。

(2) 槽形面板的底板和翼缘厚度不小于 5 cm。

混凝土面板要求耐腐蚀,且本身是刚性的,但在各个砌块间具有充分的空隙,也有在接缝间安装树脂软木(或在施工时采用临时楔块,墙体完工后,抽掉楔块留下空隙)以适应必要的变形。

面板一般情况下应排列成错接式。由于各个面板间的空隙都能排水,故排水性能良好。但内侧必须设置反滤层,以防填土的流失。反滤层可使用砂夹砾石或土工合成材料。

(2) 拉筋。

拉筋应采用抗拉强度高、受力后变形小、能与填土产生足够的摩擦力、抗腐蚀性好的材料,并且加工、接长以及和面板的连接要简单。国内一般使用镀锌扁钢带、钢筋混凝土带、聚丙烯土工合成材料等作为拉筋。高速公路和一级公路上的加筋土工程应采用钢带或钢筋混凝土带。

扁钢带宜用软钢 Q235 轧制,可采用光面带或有肋带,断面为扁矩形,宽度不应小于 30 mm,厚度不应小于 3 mm。钢带表面一般应镀锌或采取其他措施进行防锈处理。

钢筋混凝土带中钢筋用以承担设计拉力,混凝土用以防止钢筋锈蚀和增大与填料的摩擦力。混凝土强度等级不宜低于 C20,钢筋直径不得小于 8 mm。钢筋混凝土带应分节预制,分节长度一般宜小于 3 m,平面为长条矩形或楔形,断面为扁矩形,宽 100～250 mm,厚 60～100 mm。为防止混凝土断裂可在混凝土内布设钢丝网。

钢带和钢筋混凝土带的接长或与面板连接,可采用焊接或螺栓结合,节点应做防锈处理。

聚丙烯土工合成材料可承受几十万次弯折而不破坏,有良好的抗弯疲劳性能和优良的化学稳定性,几乎不吸水,绝大多数的酸、碱、盐等溶液对其无破坏作用。该材料宽度应大于 18 mm,厚度应大于 0.8 mm,表面应压有粗糙花纹,色泽均匀,无明显污物和杂质,不准有分层、开裂、损伤和穿孔等缺陷,断面一致,在含有尖锐棱角的粗粒料中不得使用。

加筋土挡墙内拉筋一般应水平布设并垂直于面板,当一个结点有两条以上拉筋时,应扇状分开。当相邻墙面的内夹角小于90°时,宜将不能垂直布设的拉筋逐渐斜放,必要时在角隅处增设加强拉筋。

(3)填土。

加筋土挡墙内填土一般应满足易压实、能与拉筋产生足够的摩擦力、化学和电化学标准以及水稳性好等要求。应优先采用有一定级配的砾类土或砂类土;也可采用碎石土、黄土、中低液限黏性土及满足质量要求的工业废渣;高液限黏性土及其他特殊土应在采取可靠技术措施后采用;而对于腐殖质土、冻结土、白垩土及硅藻土等应禁止使用。

对浸水地区的加筋土挡墙应采用渗水性良好的土作填土,而季节性冰冻地区,宜采用非冻胀性土作填土,否则应在墙面板内侧设置不小于0.5 m的砂砾防冻层。

填土的选择尚应考虑拉筋材料对填土的化学和电化学标准要求。当拉筋为钢带时,填土的pH值应控制在5～10范围内;当拉筋为聚丙烯土工合成材料时,填土不宜含有二阶以上铜、锰、铁离子及氯化钙、碳酸钠、硫化物等化学物质。

加筋土挡墙内填土压实度应满足表6-2所规定的值。

表6-2 加筋土挡墙内填土压实度

填土范围	路槽底面以下深度/cm	压实度/%	
		高速、一级公路	二、三、四级公路
距面板1.0 m以外	0～80	≥95	≥93
	80 以下	＞90	＞90
距面板1.0 m以内	全部墙高	≥90	≥90

注:(1)压实度按交通部现行《公路土工试验规程》(JTG E40—2007)重型击实试验标准确定。对于三、四级公路允许采用轻型击实标准。

(2)特殊干旱或特殊潮湿地区,表内压实度只可减少2%～3%。

(3)加筋体上填土按现行的《公路路基设计规范》(JTG D30—2004)执行。

3)构造设计

(1)加筋土挡墙的平面线型可采用直线、折线和曲线。相邻墙面的内夹角不宜小于70°,主要考虑该部位筋带的施工方便和受力的合理与经济。

(2)加筋土挡墙的剖面形式一般应采用矩形(见图6-12a)。当受地形、地质条件限制时,也可采用图6-12(b)和图6-12(c)的形式。断面尺寸按内部稳定和外部稳定由计算确定,底部拉筋长度不应小于3 m,同时不小于0.4H。

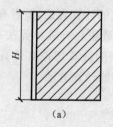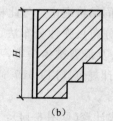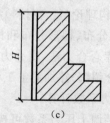

(a)　　　　　　　　(b)　　　　　　　　(c)

图6-12 加筋土挡墙剖面形式

(3)加筋土挡墙面板下部应设宽度不小于0.3 m、厚度不小于0.2 m的混凝土基础,但属于下列情况之一者可不设：① 面板筑于石砌圬工或混凝土之上；② 地基为基岩。挡墙面板基础底面的埋置深度，对于一般土质地基不应小于 0.6 m，当设置在岩石上时应清除表面风化层，当风化层较厚难以全部清除时，可采用土质地基的埋置深度。浸水地区与冰冻地区的挡墙面板基础埋置深度应按现行的《公路桥涵地基与基础设计规范》(JTG D63—2007)有关规定确定。在季节性冰冻地区，当基础埋深小于冻结线时，由基底至冻结线范围内的土应换填非冻胀性的中砂、粗砂、砾石等粗粒土，其中粉土和黏土颗粒含量不应大于 15%。

（4）对设置在斜坡上的加筋土结构，应在墙角设置宽度不小于 1 m 的护脚，以防前沿土体的加筋土体在水平推力作用下剪切破坏后导致失稳（见图 6-13）。

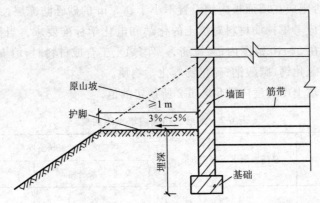

图 6-13　加筋土挡墙护脚横断面图

（5）加筋土挡墙应根据地形、地质、墙高等条件设置沉降缝，其间距是：土质地基为 10～30 m，岩石地基可适当增大。沉降缝宽度一般为 10～20 mm，可采用沥青板、软木板或沥青麻絮等填塞。

（6）墙顶一般均需设置帽石，可以预制也可就地浇筑，帽石的分段应与墙体的沉降缝在同一位置处。

4）加筋土挡墙的结构计算

加筋土挡墙的设计一般从加筋土挡墙的内部稳定性和外部稳定性两方面考虑。

（1）加筋土挡墙的内部稳定性计算。

加筋土挡墙的内部稳定性是指阻止由于拉筋被拉断或拉筋与土间摩擦力不足（即在锚固区内拉筋的锚固长度不足使土体发生滑动），以致加筋土挡墙整体结构遭到破坏。因此，在设计时必须考虑拉筋的强度和锚固长度（也称拉筋的有效长度）。但拉筋的拉力计算理论，国内外尚未取得统一，现有的计算理论多达十几种，目前比较有代表性的理论可归纳成两类：整体结构理论（复合材料）和锚固结构理论。与此相应的计算理论，前者有正应力分布法（包括均匀分布、梯形分布和梅氏分布）、弹性分布法、能量法和有限单元法；后者有朗金法、斯氏法、库仑合力法、库仑力矩法及滑裂楔体法等，不同的计算理论其计算结果有所差异。以下仅介绍《公路加筋土工程设计规范》(JTJ 015—91)的计算方法。

① 土压力系数计算。

加筋土挡墙土压力系数可按下式计算（见图 6-14）：

当 $z_i \leqslant 6$ m 时

$$K_i = K_0\left(1 - \frac{z_i}{6}\right) + K_a\frac{z_i}{6} \tag{6-1}$$

当 $z_i > 6$ m 时

$$K_i = K_a \tag{6-2}$$

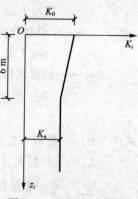

图 6-14　土压力系数图

式中　z_i——第 i 单元结点至加筋体顶面垂直距离，m；

K_i——加筋土挡墙内深度 z_i 处土压力系数；

K_0——填土的静止土压力系数，$K_0 = 1 - \sin\varphi$；

K_a——填土的主动土压力系数，$K_a = \tan^2\left(45° - \dfrac{\varphi}{2}\right)$；

φ——填土的内摩擦角，可按表 6-3 取值，(°)。

表 6-3　填土的设计参数

填料类型	重度/(kN·m⁻³)	计算内摩擦角/(°)	似摩擦系数
中低液限黏性土	18～21	25～40	0.25～0.4
砂性土	18～21	25	0.35～0.45
砾碎石类土	19～22	35～40	0.4～0.5

注：(1) 黏性土计算内摩擦角为换算内摩擦角。

(2) 似摩擦系数为土与筋带的摩擦系数。

(3) 有肋钢带、钢筋混凝土带的似摩擦系数可提高 0.1。

(4) 墙高大于 12 m 的挡土墙计算内摩擦角和似摩擦系数采用低值。

② 土压力计算。

图 6-15 为路肩式和路堤式挡墙计算简图。

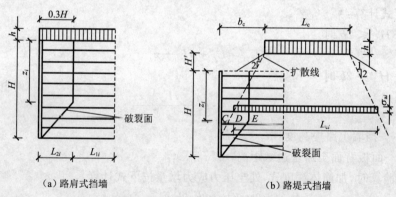

（a）路肩式挡墙　　　　　　　　　　（b）路堤式挡墙

图 6-15　加筋土挡墙计算简图

加筋土挡墙在自重应力和车辆荷载作用下，深度 z_i 处的垂直应力为：

路肩式挡墙

$$\sigma_i = \gamma_1 z_i + \gamma_1 h \tag{6-3}$$

路堤式挡墙

$$\sigma_i = \gamma_1 z_i + \gamma_2 h_1 + \sigma_{ai} \tag{6-4}$$

式中　γ_1——挡墙内填土重度，当位于地下水位以下时取有效重度，kN/m³；

γ_2——挡墙上填土重度,kN/m^3;

h——车辆荷载换算的等代均布土层厚度,m;

h_1——挡墙上填土换算成等代均匀土层厚度(图 6-16),m;

σ_{ai}——路堤式挡墙在车辆荷载作用下,挡墙内深度 z_i 处的垂直应力,kPa。

$$h = \frac{\sum G}{BL_0\gamma_1} \tag{6-5}$$

式中　B——荷载布置长度,m;

　　　L_0——荷载布置宽度,m;

　　　$\sum G$——布置在 $B \times L_0$ 面积内的轮载荷载,kN。

当 $h_1 > H'$ 时,取 $h_1 = H'$;当 $h_1 \leqslant H'$ 时,h_1 按下式计算:

$$h_1 = \frac{1}{m}\left(\frac{H}{2} - b_b\right) \tag{6-6}$$

式中　m——路堤边缘坡率;

　　　H——挡墙高度,m;

　　　b_b——坡脚至面板水平距离,m。

当图 6-15(b)中扩散线上的 D 点未进入活动区时,取 $\sigma_{ai} = 0$;当 D 点进入活动区时,可按下式计算:

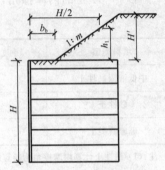

图 6-16　路堤式挡墙上填土等代土层厚度计算图

$$\sigma_{ai} = \gamma_1 h \frac{L_c}{L_{ci}} \tag{6-7}$$

式中　L_c——结构计算时采用的荷载布置宽度,m;

　　　L_{ci}——深度 z_i 处应力扩散宽度,m。

L_{ci} 按下式计算:

当 $z_i + H' \leqslant 2b$ 时

$$L_{ci} = L_c + H' + z_i \tag{6-8}$$

当 $z_i + H' > 2b$ 时

$$L_{ci} = L_c + b_c + \frac{H' + z_i}{2} \tag{6-9}$$

式中　H'——挡墙上路堤高度,m;

　　　b_c——面板背面至路基边缘距离,m。

当抗震验算时,加筋体深度 z_i 处土压力应力增量按下式计算:

$$\Delta\sigma_{wi} = 3\gamma_1 K_a c_i c_z k_h (h_1 + z_i) \tan\varphi \tag{6-10}$$

式中　c_i——重要性修正系数;

　　　c_z——综合影响系数;

　　　k_h——水平地震系数。

以上参数可按《公路工程抗震设计规范》(JTJ 004—89)取值。

作用于挡墙上的主动土压力 E_i 为:

路肩式挡墙

$$E_i = K_i(\gamma_1 z_i + \gamma_1 h) \tag{6-11}$$

路堤式挡墙

$$E_i = K_i(\gamma_1 z_i + \gamma_2 h_1 + \sigma_{ai}) \qquad (6\text{-}12)$$

当考虑抗震时

$$E'_i = E_i + \Delta\sigma_{wi} \qquad (6\text{-}13)$$

③ 拉筋断面和长度。

当土体的主动土压力充分作用时,每根拉筋除了通过摩擦阻止部分填土水平位移外,还能拉紧一定范围的面板,使得在土体中的拉筋能和主动土压力保持平衡,如图 6-17 所示。为此,拉筋所受拉力可分别按下列各式计算。

考虑抗震时,有:

$$T'_i = T_i + \Delta\sigma_{wi}S_x S_y \qquad (6\text{-}14)$$

所需拉筋断面积为:

$$A_i = \frac{T_i \times 10^3}{k[\sigma_L]} \qquad (6\text{-}15)$$

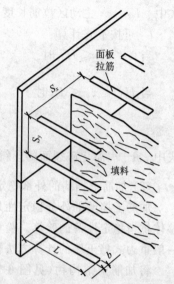

图 6-17 加筋土挡墙的剖面示意图

式中 A_i——第 i 单元拉筋设计断面积,mm^2;

$[\sigma_L]$——拉筋容许应力,对于扁钢 Q235(3 号钢)和 I 级钢筋 $[\sigma_L]$ 可取 135 MPa,对于混凝土 $[\sigma_L]$ 可按表 6-4 取值,MPa;

k——拉筋容许应力提高系数,当拉筋为钢带、钢筋、混凝土时取 $1.0 \sim 1.5$,当拉筋为聚丙烯土工合成材料时取 $1.0 \sim 2.0$;

T_i——拉筋所受拉力,考虑抗震时取 T'_i,kN。

表 6-4 混凝土容许应力 （单位:MPa）

混凝土强度等级	C13	C18	C23	C28
轴心受压应力 σ_a	5.50	7.00	9.00	6.50
拉应力(主拉应力)σ_L	0.35	0.45	0.55	0.60
弯曲拉应力 σ_{WL}	0.55	0.70	0.30	0.90

注:矩形截面构件弯曲拉应力可提高 15%。

计算拉筋断面尺寸时,在实际工程中还应考虑防腐蚀所需要增加的尺寸。每根拉筋在工作时还有被拔出的可能,因此尚需计算拉筋抵抗被拔出的锚固长度 L_{1i}:

路肩式挡墙

$$L_{1i} = \frac{[K_i]T_i}{2f'b_i\gamma_1 z_i} \qquad (6\text{-}16)$$

路堤式挡墙

$$L_{1i} = \frac{[K_i]T_i}{2f'b_i(\gamma_1 z_i + \gamma_2 h_1)} \qquad (6\text{-}17)$$

式中 $[K_i]$——拉筋要求抗拔稳定系数,一般可取 $1.2 \sim 2.0$;

f'——拉筋与填料的似摩擦系数,可按表 6-3 取值;

b_i——第 i 单元拉筋宽度总和,m;

T_i——拉筋所受的拉力,kN。

拉筋的总长度可按下式计算:

$$L_i = L_{1i} + L_{2i} \tag{6-18}$$

式中 L_{2i}——主动区拉筋长度,m。

L_{2i} 可按下式计算:

当 $0 < z_i \leqslant H_1$ 时

$$L_{2i} = 0.3H \tag{6-19}$$

当 $H_1 < z_i \leqslant H$ 时

$$L_{2i} = \frac{H - z_i}{\tan \beta} \tag{6-20}$$

式中 β——简化破裂面的倾斜部分与水平面夹角,$\beta = 45° + \dfrac{\varphi}{2}$,(°)。

(2) 加筋土挡墙的外部稳定性计算。

加筋土挡墙的外部稳定性是指考虑挡墙地基承载力、基底抗滑稳定性、抗倾覆稳定性和整体抗滑稳定性等的验算。验算时可将拉筋末端的连线与墙面板间视为整体结构,其他与一般重力式挡土墙的计算方法相同。

将加筋土结构物(见图 6-18)视作一个整体,再用其后面作用的主动土压力验算加筋土结构物底部的抗滑稳定性,基底摩擦系数可按表 6-5 取值,抗滑稳定系数一般可取 1.2~1.3。此外,加筋土结构尚应进行抗倾覆稳定和整体抗滑稳定验算,抗倾覆稳定系数一般可取 1.2~1.5,整体抗滑稳定系数一般可取 1.10~1.25。由于加筋土结构是柔性结构,它能承受很大的沉降而不致对加筋土结构产生危害。

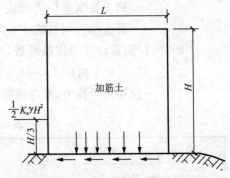

图 6-18 加筋土挡墙底部的滑动稳定性验算

表 6-5 基底摩擦系数

地基土分类	μ
软塑黏土	0.25
硬塑黏土	0.30
黏质粉土、粉质黏土、半干硬黏土	0.30~0.40
砂类土、碎石类土、软质岩石、硬质岩石	0.40

注:加筋体填料为黏质粉土、粉质黏土、半干硬黏土时按同名地基土采用 μ 值。

6.1.4 施工技术

1)基础施工

进行基础开挖时,基槽(坑)底平面尺寸一般大于基础外缘 0.3 m。对未风化的岩石应将岩面凿成水平台阶,台阶宽度不宜小于 0.5 m,台阶长度除满足面板安装需要外,高宽比不宜大于 1∶2。基槽(坑)底土质为碎石土、砂性土或黏性土等时,均应整平夯实。对风化岩石和特殊土地基,应按有关规定处理。在地基上浇筑或放置预制基础,基础一定要做得平整,使得面板能够直立。

2) 面板安装

混凝土面板可在预制厂或工地附近场地预制后,运到施工场地安装。在每块面板上都布置了便于安装的插销和插销孔。安装时应防止插销孔破裂、变形以及角隅碰坏。在拼装最底一层面板时,必须把半尺寸的和全尺寸的面板相间地、平衡地安装在基础上。面板安装可用人工或机械吊装就位,安装时单块面板倾斜度一般可内倾 1/200～1/100 作为填料压实时面板外倾的预留度。为防止相邻面板错位,宜用夹木螺栓或斜撑固定。水平误差用软木条或低强度砂浆调整。水平及倾斜的误差应逐层调整,不得将误差累积后再进行总调整。

3) 拉筋铺设

安装拉筋时,应把拉筋垂直墙面平放在已经压密的填土上,如填土与拉筋间不密贴而产生空隙,应用砂垫平以防止拉筋断裂。钢筋混凝土带或钢带与面板拉环的连接,以及每节钢筋混凝土带间的钢筋连接或钢带接长,可采用焊接、扣环连接或螺栓连接;聚丙烯土工合成材料与面板的连接,一般可将其一端从面板预埋拉环或预留孔中穿过、折回与另一端对齐,可采用单孔穿过、上下穿过或左右环孔合并穿过,并绑扎以防止抽动,无论何种方法均应避免在环(孔)上绕成死结。

4) 填土的铺筑和压实

加筋土填料应根据拉筋竖向间距进行分层铺筑和压实,每层的填土厚度应根据上、下两层拉筋的间距和碾压机具统筹考虑后决定。钢筋混凝土拉筋顶面以上填土,一次铺筑厚度不小于 200 mm。当用机械铺筑时,铺筑机械距面板不应小于 1.5 m,在距面板 1.5 m 范围内应用人工铺筑。铺筑填土时为了防止面板受到土压力后向外倾斜,铺筑应从远离面板的拉筋端部开始逐步向面板方向进行,机械运行方向应与拉筋垂直,并不得在未覆盖填土的拉筋上行驶或停车。

碾压前应进行压实试验,根据碾压机械和填土性质确定填土分层铺筑厚度、碾压遍数以指导施工。每层填土铺填完毕应及时碾压,碾压时一般应先轻后重,并不得使用羊足碾。压实作业应先从拉筋中部开始,并平行墙面板方向逐步驶向尾部,而后再向面板方向进行碾压(严禁平行拉筋方向碾压)。用黏性土作填土时,雨季施工应采取排水和遮盖措施。

6.2 土工合成材料

土工合成材料是岩土工程领域中的一种新型建筑材料,是用于土工技术和土木工程中,以聚合物为原料的具有渗透性的材料的总称。

土工合成材料在世界上的出现,虽然已有 100 年的历史,但应用于土建工程则是 20 世纪 30 年代末才开始的。1977 年在法国巴黎举行第一次国际土工织物会议,会上 J. P. Giroud 把它命名为"土工织物"(Geotextile),并于 1986 年在维也纳召开的第三届国际土工织物会议上将它称为"岩土工程的一场革命"。

在我国,纺织物应用于河道、涵闸及防治路基翻浆冒泥等工程始于20世纪60年代中期到70年代末。后来土工合成材料在我国的水利、铁路、公路、军工、港口、建筑、矿冶和电力等领域逐渐推广。

当前国内外对它的技术名称也未得到统一,我国学术和工程界专家考虑这类产品均由合成材料制成,且应用于岩土工程范围,故近年来采用了统一的技术名词——土工合成材料。

6.2.1 土工合成材料的分类

土工合成材料分类随着新材料和新技术的发展,还将有所变化。根据《土工合成材料应用技术规范》(GB 50290—98)的规定,暂将土工合成材料分为土工织物、土工膜、特种土工合成材料和复合型土工合成材料等类型。

1) 土工织物

土工织物为透水性土工合成材料。土工织物按制造方法分为有纺型土工织物(woven geotextile)、编织型土工织物(knitted geotextile)和无纺型土工织物(nonwoven geotextile)。

(1) 有纺型土工织物。

它由相互正交纤维织成,与通常的棉毛织品相似。其特点是孔径均匀,沿经纬线方向的强度大,而斜交方向强度低,拉断的延伸率较低。

(2) 编织型土工织物。

由单股线带编织而成,与通常编织的毛衣相似。

(3) 无纺型土工织物。

织物中纤维(连续长丝)的排列是不规则的,与通常的毛毯相似。无纺型土工织物亦称作"无纺布",制造时先将聚合物原料经过熔融挤压、喷丝、直接平铺成网,然后使网丝连结制成土工织物。连结的方法有热压、针刺机械和化学黏结等不同处理方法。

2) 土工膜

它是以聚氯乙烯、聚乙烯、氯化聚乙烯或异丁橡胶等为原料制成的透水性极低的膜或薄片。可以是工厂预制的或现场制成的,分为不加筋的和加筋的两大类。预制不加筋膜采用挤出、压延等方法制造,厚度常为 0.25~4 mm,加筋的可达 10 mm。膜的幅宽为 1.5~10 m。加筋土工膜是组合产品,加筋有利于提高膜的强度和保护膜不受外界机械破坏。

大量工程实践表明,土工膜有很好的不透水性、弹性和适应变形的能力,能承受不同的施工条件和工作应力,具有良好的耐老化能力。

3) 特种土工合成材料

(1) 土工格栅。

土工格栅由聚乙烯或聚丙烯板通过打孔、单向或双向拉伸扩孔制成(见图 6-19),孔格尺寸为 10~100 mm 的圆形、椭圆形、方形或长方形格栅,其开孔可容周围土、石或其他土工材料穿入。

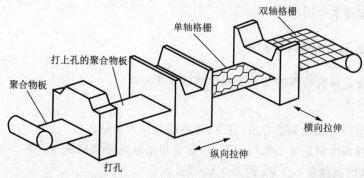

图 6-19　双轴格栅的加工程序

土工格栅是一种应用较多的土工合成材料,常用作加筋土结构的筋材或土工复合材料的筋材等。在国内外工程中大量采用土工格栅加筋路基路面。土工格栅可分为塑料类和玻璃纤维类两种。

(2) 土工垫。

土工垫具有突出的三维结构,是由半刚性单丝纤维熔接而成的。多为长丝结合而成的三维透水聚合物网垫,通常由黑色聚乙烯制成,其厚度为 15～20 mm。

(3) 土工网。

它是由两组平行的压制条带或细丝按一定角度交叉(一般为 60°～90°),并在交点处靠热黏结而成的平面制品,是一种用于平面排液、排气的土工合成材料。条带宽常为 1～5 mm,透孔尺寸从几毫米至几厘米。

(4) 土工膜袋。

土工膜袋是一种双层的由聚合化纤织物制成的连续(或单独)袋状材料,它可替代模板,用高压泵将混凝土或砂浆灌入膜袋中,最后可形成板状或其他形状结构,用于护坡或其他地基处理工程。

(5) 土工格室。

土工格室是由土工格栅、土工织物或土工膜、条带构成的蜂窝状或网格状的三维结构材料。常用于防冲蚀和保土工程,刚度大的、侧限能力高的多用于地基加筋垫层或支挡结构中。

4) 复合型土工合成材料

复合型土工合成材料是将土工织物、土工膜和某些特种土工合成材料中的两种或两种以上的材料,采用不同方法复合成的。

(1) 土工复合排水板。

一种复合型的土工合成材料,由芯板和透水滤布两部分组成。芯板多为成型的硬塑料薄板,为瓦楞形或十字形,主要原料为聚氯乙烯或聚丙烯。透水滤布多为薄型无纺织物,主要原料为涤纶或丙纶。滤布包在芯板外面,在芯板与滤布间形成纵向排水沟槽。它可用于软基排水固结处理、路基纵向横向排水、建筑地下排水管道、集水井、支挡结构的墙后排水、隧道排水和堤坝排水等。

(2) 复合土工膜。

常规应用的复合土工膜有一布一膜、二布一膜或三布一膜等。复合用无纺布一般比较薄,主要起保护膜的作用。另外也有的用较厚型无纺布复合,起双重作用,膜的一面防渗,而无纺布一面则起排水作用。

6.2.2 土工合成材料特性

表征土工合成材料特性的主要指标包括以下几方面。

1）产品形态

产品形态包括材质及制造方法、宽度、每卷的直径及重量。

土工合成材料因制造方法和用途不一，宽度和重量规格变化甚大。宽度从不足 1 m 到 18 m，每平方米的质量从 0.1 kg 到 1.0 kg 或更大。

2）物理性质

物理性质包括单位面积质量和厚度。

单位面积质量是指 1 m^2 土工织物的质量，由称量法确定。常用土工织物单位面积质量为 100～1 200 g/m^2，其大小影响织物的强度和平面导水能力。

厚度是指压力为 2 kPa 时其底面到顶面的垂直距离，由厚度测定仪测定。厚度对其水力学性质，如孔隙率和渗透性有显著影响。

3）力学性质

力学性质包括抗拉强度、断裂时延伸率、撕裂强度、握持抗拉强度、顶破强度、刺破强度、穿透强度、与土体间摩擦系数等。

抗拉强度是指试样受拉伸至断裂时单位宽度所受的力（N/m）。试样的伸长率是指拉伸时长度增量 ΔL 与原长度 L 的比值，以％表示。断裂时延伸率是指拉伸试样断裂后试样标距长度的相对伸长率（％）。试验采用拉伸仪测定。根据拉伸试样的宽度，可分为窄条拉伸试验（宽 50 mm、长 100 mm）和宽条拉伸试验（宽 200 mm、长 100 mm），拉伸率对窄条为（10±2）mm/min，对宽条为（50±5）mm/min。由拉伸试验所得的拉应力-伸长率曲线，可求得材料的三种拉伸模量（初始模量、偏移模量和割线模量）。大部分常用的无纺型土工织物抗拉强度为 10～30 kN/m，高强度的为 30～100 kN/m；最常用的编织型土工织物为 20～50 kN/m，高强度的为 50～100 kN/m，特高强度的编织物（包括带状织物）为 100～1 000 kN/m；一般的土工格栅为 30～200 kN/m，高强度的为 200～400 kN/m。不同类型的土工织物的拉应力和拉应变关系变化差异很大。

撕裂强度：反映了土工合成材料的抗撕裂的能力，可采用梯形（试样）法、舌形（试样）法和落锤法等进行测试，最常用的测试方法为梯形法。试样数要求不少于 5 个，求其平均值。撕裂强度是评价材料的指标之一，一般不直接应用于设计。

握持抗拉强度：施工时握住土工织物往往仅限于数点，施力未及全幅度，为模拟此种受力状态，进行握持拉伸试验。握持强度也是一种抗拉强度，反映了土工合成材料分散集中荷载的能力。试验方法与条带拉伸试验类似。

顶破强度：顶破强度反映了土工合成材料抵抗垂直于其平面的法向压力的能力，与刺破试验相比，顶破试验的压力作用面积相对较大。顶破时土工合成材料呈双向拉伸破坏。目前有三种测定顶破强度的方法：① 液压顶破试验；② 圆球顶破试验；③ CBR 顶破试验。

刺破强度：刺破强度反映了土工合成材料抵抗带有棱角的块石或树干刺破的能力。试验方法与圆球顶破试验相似，只是以金属杆代替圆球。

穿透强度:反映具有尖角的石块或锐利物掉落在土工合成材料上时,土工合成材料抵御掉落物穿透作用的能力。采用落锤穿透试验进行测定。

摩擦系数:该指标是核算加筋土体稳定性的重要数据,反映了土工合成材料与土接触界面上的摩擦强度。可采用直接剪切摩擦试验或抗拔摩擦试验进行测定。

4) 水理性质

水理性质包括垂直向和水平向透水性、淤堵、防水性等。

孔隙率:指土工织物中的孔隙体积与织物的总体积之比,以%表示。根据织物的单位面积质量 m、厚度 t 和材料相对密度 G,由下式计算:

$$n = 1 - \frac{m}{G\rho_w t} \tag{6-21}$$

式中　ρ_w——水的密度,g/cm^3。

孔隙率的大小影响土工织物的渗透性和压缩性。

开孔面积率:指土工合成材料平面的总开孔面积与总面积的比值,以%表示。一般产品的开孔面积率为 $4\% \sim 8\%$,最大可达 30% 以上。开孔面积率的大小影响织物的透水性和淤堵性。

等效孔径:土工合成材料具有各种形状和大小不同的孔径,其孔径大小的分布曲线类似于土的颗粒级配曲线。织物的孔径反映织物的透水性能与保持土颗粒的能力,是一个重要的特征指标。现已提出表示织物特征孔径的方法有有效孔径及等效孔径(EOS)。目前普遍采用 EOS,其含义相当于织物的表观最大孔径,也即土颗粒能通过织物的最大粒径。不同的标准,对 EOS 的规定也不同,目前我国多取 O_{95} 作为织物的等效孔径,表示织物中 95% 的孔径低于该值。无纺型土工织物的等效孔径为 $0.05 \sim 0.5$ mm;编织型土工织物为 $0.1 \sim 1.0$ mm;土工垫为 $5 \sim 10$ mm;土工格栅及土工网为 $5 \sim 100$ mm。等效孔径是用土工合成材料做滤层时选料的重要指标。

垂直渗透系数:指垂直于织物平面方向上的渗透系数(以 cm/s 表示)。测定方法类似于土工试验中土的渗透系数测定方法。由于透过织物的水流常常是紊流,故设计中常改用透水率(ψ)表示:

$$\psi = \frac{k_v}{t} = \frac{q}{\Delta h A} \tag{6-22}$$

无纺型土工织物透水率 ψ 为 $0.02 \sim 2.2 \ s^{-1}$,渗透系数 k_v 为 $8 \times 10^{-4} \sim 2.3 \times 10^{-1}$ cm/s。垂直渗透系数是土工合成材料用作反滤或排水层时的重要设计指标。

水平渗透系数:土工合成材料用作排水材料时,水在土工合成材料内部沿平面方向流动,在土工合成材料内部孔隙中输导水流的性能可用土工合成材料平面的水平渗透系数或导水率(为土工合成材料平面渗透系数 k_h 与材料厚度的乘积)来表示。通过改变加载和水力梯度可测出承受不同压力及水力条件下土工合成材料平面的导流特性。设计中常改用导水率 θ 指标来表示:

$$\theta = k_h t = \frac{ql}{\Delta h b} \tag{6-23}$$

式中　θ——导水率,cm/s^2;

　　　l——沿水流方向的试样长度,cm;

　　　b——试样宽度,cm。

通常土工合成材料的水平渗透系数为 $8 \times 10^{-4} \sim 5 \times 10^{-1}$ cm/s;无纺型土工织物的水平渗透系数为 $4 \times 10^{-3} \sim 5 \times 10^{-1}$ cm/s;土工膜的水平渗透系数为 $1 \times 10^{-11} \sim 1 \times 10^{-10}$ cm/s。

5）耐久性

耐久性包括抗老化性和徐变性等。

（1）抗老化性。

所谓老化是指高分子材料在加工、贮存和使用过程中,由于受内外因素的影响,其性能逐渐变坏的现象。老化是不可逆的化学变化。主要表现在:① 外观变化:发黏、变硬、变脆等;② 物理化学变化:相对密度、导热性、熔点、耐热性和耐寒性等;③ 力学性能变化:抗拉强度、剪切强度、弯曲强度、伸长率以及弹性等;④ 电性能变化:绝缘电阻、介电常数等。产生老化的原因是由于高分子聚合物是一种具有链结构的物质,这种物质在外界因素的影响下易产生降解反应(使高分子聚合物变为低分子聚合物)或交联反应(大分子与大分子相联),致使土工合成材料性能变坏。产生老化的外界因素可分为物理、化学和生物因素,主要有:太阳光、氧、臭氧、热、水分、工业有害气体、机械应力和高能辐射的影响以及微生物和生物的破坏等,而其中最重要的是太阳光中紫外线辐射的影响。试验表明,埋在土中的土工合成材料,其老化速度比曝晒在大气下的老化速度慢得多。高分子聚合材料中,聚丙烯、聚酰胺老化最快,聚乙烯、聚氯乙烯次之,聚酯、聚丙烯腈最慢。浅色材料较深色材料老化得快,薄的材料较厚的材料老化得快。

（2）徐变性。

徐变性指材料在长期恒载下持续伸长的现象。高分子聚合物一般都有明显的徐变性。工程中的土工合成材料皆置于土内,受到侧限压力,徐变量比无侧限时小得多。徐变性的大小影响着材料的强度取值。

6.2.3 土工合成材料应用在工程上的作用

土工合成材料应用在工程上主要有下列四方面作用:① 渗透排水作用;② 对两种不同材料起隔离作用;③ 利用网孔渗透起过滤作用;④ 利用土工合成材料的强度起加筋作用。在工程实际应用中是几种作用的组合,其中有的是主要的,有的则是次要的,见表6-6。

表6-6 不同应用领域中土工合成材料基本功能相对重要性

应用类型	功 能			
	隔 离	排 水	加 筋	反 滤
无护面道路	A	C	B	B
海、河护岸	A	C	B	A
粒状填土区	A	C	B	D
挡土墙排水	C	A	D	C
用于土工薄膜下	D	A	B	D
近水平排水	C	A	D	D

续表

应用类型	功能			
	隔 离	排 水	加 筋	反 滤
堤坝桩基	B	D	A	D
堤坝基础加筋	B	C	A	D
加筋土墙	D	D	A	D
岩石崩落网	D	C	A	D
密封水力填充	B	C	A	A
防 冲	D	D	B	A
柔性模板	C	C	C	A
排水沟	B	C	D	A

注:A—主要功能(控制功能);B、C、D—次要、一般、不很重要的功能。

1) 排水作用

具有一定厚度的土工合成材料具有良好的三维透水特性,利用这种特性除了可作透水反滤外,还可使水经过土工合成材料的平面迅速沿水平方向排走,构成水平排水层。图6-20(a)中土工合成材料与其他排水材料(塑料排水带)共同构成排水系统,加速填筑土体的排水固结过程。图6-20(b)为某机场填土内采用塑料排水带排水的示意图。图6-20(c)为在挡土墙填土之前,将土工合成材料置于挡土墙后再填土,这样既可使水排出,又不会把土颗粒带走,以免使墙体沉陷。图6-20(d)为降低均质坝坝体内浸润线,可在坝体内用土工合成材料作排水体。图6-20(e)为土工合成材料用于建造无集水管的排水盲沟,铺设时在先开挖好的槽内铺设土工合成材料,然后回填碎石,并将土工合成材料再包裹好,最后回填砂土即可。图6-20(f)为防止细砂和土粒进入排水管道而引起堵塞,将土工合成材料包裹管道,然后埋于地下。

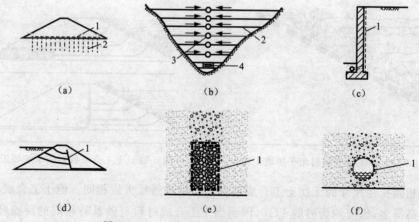

图6-20 土工合成材料用于排水的典型事例

1—土工合成材料;2—塑料排水带;3—塑料管;4—排水涵管

2）隔离作用

一般在修筑道路时，路基、路床顺次施工，道路修筑完毕后就开始运营。由于荷载压力和雨水的通过，使路基、路床材料和一般材料都混合在一起，这虽然是局部现象，但使原设计的强度、排水和过滤的功能减弱。为了防止这种现象的发生，可将土工合成材料设置在两种不同特性的材料间，不使其混杂，而且又能保持统一的作用。在铁路工程中，铺设土工合成材料后借以保持轨道的稳定，并减少养护费用；在道路工程中，铺设土工合成材料可起渗透膜的功能，防止软弱土层侵入路基的碎石，引起翻浆冒泥，最后使路基、路床设计厚度减小，导致道路破坏；用于地基加固方面，可将新筑基础和原有地基层分开，能增强地基承载力，又利于排水和加速土体固结；用于材料的储存和堆放，可避免材料的损失和劣化，对废料还可有助于防止污染。用作隔离的土工合成材料，其渗透性应大于所隔离土的渗透性，在承受动荷载作用时，土工合成材料还应有足够的耐磨性。当被隔离材料或土层间无水流作用时，也可用不透水土工膜。

3）反滤作用

在渗流出口区铺设土工合成材料作为反滤层，这和传统的砂砾石滤层一样，均可提高被保护土的抗渗强度。国内外对这方面都曾进行过广泛的研究。

多数土工合成材料在单向渗流的情况下，在紧贴土工合成材料的土体中，会有细颗粒逐渐向滤层移动。同时，还有部分细颗粒通过土工合成材料被带走，遗留下较粗的颗粒，从而与滤层相邻一定厚度的土层逐渐形成一个反滤带和一个骨架网，阻止土粒的继续流失，最后趋于稳定平衡。亦即土工合成材料与其相邻接触部分土层共同形成了一个完整的反滤系统，如图 6-21 和图 6-22 所示。将土工合成材料铺放在上游面的块石护坡下面，起反滤和隔离作用，同样也可铺放在下游排水体（褥垫排水或棱体排水）周围起反滤作用，以防止管涌，还可铺放在均匀土坝的坝体内，起竖向排水作用，这样可有效地降低均质坝的坝体浸润线，提高下游坝体的稳定性，渗流水沿土工合成材料进入水平排水体，最后排至坝体外。具有这种排水作用的土工合成材料，要求在纵向（即土工合成材料本身的平面方向）上有较大的渗透系数。

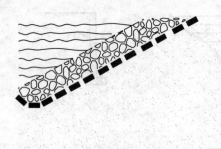

图 6-21　土工合成材料用于护坡工程

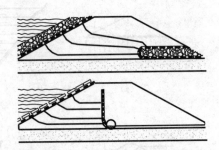

图 6-22　土工合成材料用于土坝工程

具有相同孔径尺寸的无纺土工合成材料和砂的渗透性大致相同。但土工合成材料的孔隙率比砂高得多，密度约为砂的 1/10，因而当土工合成材料与砂具有相同的反滤特征时，则所需土工合成材料质量要比砂少 90%。此外，土工合成材料滤层的厚度为砂砾反滤层的 1/1 000～1/100，其所以能如此，是因为土工合成材料的结构保证了它的连续性。为此，在具有相同反滤特征条件下,土工合成材料的质量仅为砂层的 1/10 000～1/1 000。

4)加筋作用

当土工合成材料用作土体加筋时,其基本作用是给土体提供抗拉强度。其应用范围有土坡和堤坝、地基及挡土墙。

(1)用于加固土坡和堤坝。

高强度的土工合成材料在路堤工程中有几种可能的加筋用途:① 可使边坡变陡,节省占地面积;② 防止滑动圆弧通过路堤和地基土;③ 防止路堤下面因承载力不足而破坏;④ 跨越可能的沉陷区等。图 6-23 中,由于土工合成材料"包裹"作用阻止土体的变形,从而增强了土体内部的强度以及土坡的稳定性。

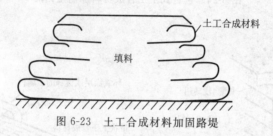

图 6-23 土工合成材料加固路堤

(2)用于加固地基。

土工合成材料有较高的强度和韧性等力学性能,且能紧贴于地基表面,使其上部施加的荷载能均匀分布在地层中。当地基可能产生冲切破坏时,铺设的土工合成材料将阻止破坏面的出现,从而提高地基承载力。当土工合成材料受集中荷载作用时,在较大的荷载作用下,高模量的土工合成材料受力后将产生一垂直分力,抵消部分荷载。当很软的地基加荷后,可能产生很大变形。如将土工合成材料铺设在软土地基的表面,由于其承受拉力和土的摩擦作用而增大侧向限制,阻止侧向挤出,从而减小变形和增大地基的稳定性。在沼泽地、泥炭土和软黏土上建造临时道路是土工合成材料最重要的用途之一。

根据实测的结果和理论分析,认为土工合成材料加筋垫层的作用机理主要是:① 增强垫层的整体性和刚度,调整不均匀沉降;② 扩散应力,由于垫层刚度增大的影响,扩大了荷载扩散的范围,使应力均匀分布;③ 约束作用,亦即约束下卧软弱土地基的侧向变形。

(3)用于加筋土挡墙。

在挡土结构的土体中,每隔一定距离铺设加固作用的土工合成材料时,该土工合成材料可作为拉筋起到加筋作用。作为短期或临时性的挡墙,可只用土工合成材料包裹着土、砂来填筑(见图 6-24)。但这种包裹式土工合成材料墙面的形状常常是畸形的,外观难看。因此,有时采用砖面的土工合成材料加筋土挡墙,可取得令人满意的外观(见图 6-25)。对于长期使用的挡墙,往往采用混凝土面板。图 6-26 为土工合成材料带与混凝土面板的连结方式。

土工合成材料作为拉筋时一般要求有一定的刚度,新发展的土工格栅能很好地与土相结合。与金属筋材相比,土工合成材料不会因腐蚀而失效,所以它能在桥台、挡墙、海岸和码头等支挡建筑物的应用中获得成功。

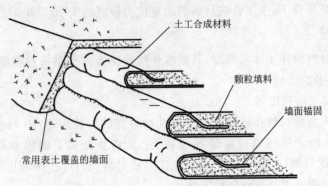

图 6-24　包裹式土工合成材料加筋土挡墙

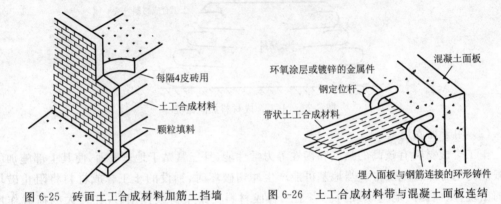

图 6-25　砖面土工合成材料加筋土挡墙　　　图 6-26　土工合成材料带与混凝土面板连结

6.2.4　设计计算

在实际工程中应用的土工合成材料,不论作用的主次,都是以上四种作用的综合。虽然隔离作用不一定要伴随反滤作用,但反滤作用经常伴随隔离作用。因而设计时,应根据不同工程应用的对象,综合考虑对土工合成材料作用的要求进行选料。

1)　土工合成材料作为滤层时的设计

一般在反滤层设计时,既要求有足够的透水性,又要求能有效地防止土颗粒被带走,通常采用无纺和有纺土工合成材料,土工合成材料作为滤层,同样必须满足这两种基本要求。此外,滤层应具有避免被保护土体的细小颗粒随渗流水被带到织物内部孔隙中或被截留在织物表面而造成其渗透性能降低的能力。

实际上土工合成材料作为滤层的效果,受到材料的特性、保护土的性质和地下水条件的相互作用的影响。所以土工合成材料设计为滤层时,应根据反滤层所处的环境条件把土工合成材料和所保护土体的物理力学性质结合起来考虑。

对任何一个土工合成材料反滤层,在使用初期渗流开始时,土工合成材料背面的土颗粒逐渐与之贴近,其中细颗粒小于土工合成材料孔隙的,必然穿过土工合成材料被排出。而土中大于土工合成材料孔隙的颗粒就紧贴靠近土工合成材料,自动调整为过渡滤层,直至无土颗粒能通过土工合成材料边界时为止。此时靠近土工合成材料的土体透水性增大,而土工合成材料的透水性就会减小,最后土工合成材料和邻近土体共同构成了反滤层。这一过程往往需要几个月的时间才能完成。级配不好的土料,因其本身不能成为滤料,所以"排水和挡土"得依靠土工合成材料。当渗流量很大时,就有大量细颗粒通过土工合成材料排出,有可能在土工合成材料表面形成泥皮,出现局部堵塞。当土工合成材料滤层所接触的土料为黏粒含量超过50%的黏性土时,宜在土工合成材料与被保护的土层间铺设150 mm厚的砂垫层,以免土工合成材料的孔隙被堵塞。

土工合成材料作为滤层设计时的两个主要因素是土工合成材料的有效孔径和透水性能,在土工合成材料作滤层设计时,目前尚未有统一的设计标准。按符合一定标准和级配的砂砾料构成的传统反滤层,目前广泛采用的滤料要求为:

防止管涌

$$d_{15f} < 5d_{85b} \tag{6-24}$$

保证透水性

$$d_{15f} > d_{15b} \tag{6-25}$$

保证均匀性

$$d_{50f} > 25d_{50b} \quad (对级配不良的滤层) \tag{6-26}$$

$$d_{50f} < d_{50b} \quad (对级配均匀的滤层) \tag{6-27}$$

式中 d_{15f}——表示相应于颗粒粒径分布曲线上百分数 p 为15%时的颗粒粒径,下角标 f 表示滤层土,mm;

d_{85b}——表示相应于颗粒粒径分布曲线上百分数 p 为85%时的颗粒粒径,下角标 b 表示被保护土,mm。

其他以此类推。

2)土工合成材料作为加筋时的设计

(1)地基加固。

在软弱路基基底与填土间铺以土工合成材料是常用的浅层处理方法之一。若土工合成材料为多层,则应在层间填以中、粗砂以增加摩擦力。由于这种土工合成材料具有较高的延伸率,因此可使上部负荷扩散,提高原地基承载力,并使填土增加稳定性。此外,铺设土工合成材料后施工机械行驶方便,工程竣工后还能起排水作用,加速沉降和固结。

如将具有一定刚度和抗拉力的土工合成材料铺设在软土地基表面上,再在其上填筑粗颗粒土(砂土或砾土),而作用荷载的正下方产生沉降,其周边地基产生侧向变形和部分隆起,图6-28所示的土工合成材料则受拉,而作用在土工合成材料与地基土间的抗剪阻力就能相对地约束地基的位移,而作用在土工合成材料上的拉力也能起到支承荷载的作用。设计时其地基极限承载力 p_{s+c} 的公式如下:

$$p_{s+c} = Q_c' = \alpha c N_c + \frac{2p}{b}\sin\theta + \beta\frac{p}{r}N_q \tag{6-28}$$

式中 α, β——基础的形状系数,一般取 $\alpha = 1.0, \beta = 0.5$;

c——土的黏聚力,kPa;

N_c, N_q——与内摩擦角有关的承载力系数,一般取 $N_c = 5.3, N_q = 1.4$;

p——土工合成材料的抗拉强度,N/m;

θ——基础边缘土工合成材料的倾斜角,一般取 $10° \sim 17°$;

b——基础宽度,m;

r——假想圆的半径，一般取 3 m，或为软土层厚度的一半，但不能大于 5 m。

式(6-28)右边第一项是没有土工合成材料时，原天然地基的极限承载力；第二项是在荷载作用下，由于地基的沉降使土工合成材料发生变形而承受拉力的效果；第三项是土工合成材料阻止隆起而产生的平衡镇压作用的效果（以假设近似半径为 r 的圆求得，图 6-27 中的 q 是塑性流动时地基的反力）。实际上，第二和第三项均为由于铺设土工合成材料而提高的地基承载力。

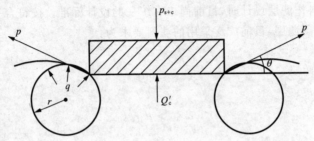

图 6-27　土工合成材料加固地基的承载力计算假设简图

（2）路堤加固。

土工合成材料用作增加填土稳定性时，其铺垫方式有两种：一种是铺设在路基底与填土间；另一种是铺设在堤身内填土层间。分析计算时常采用瑞典法和荷兰法两种计算方法。

瑞典法的计算模型是假定土工合成材料的拉应力总是保持在原来铺设方向。由于土工合成材料产生拉力，这就增加了两个稳定力矩（见图 6-28）。

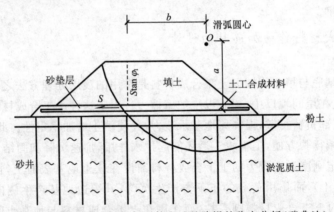

图 6-28　土工合成材料加固软土地基路堤的稳定分析（瑞典法）

首先按常规方法找出最危险滑弧的圆参数，以及相应的最小安全系数 K_{min}，然后再加入有土工合成材料这一因素。当仍按原来最危险圆弧滑动时，要撕裂土工合成材料就要克服土工合成材料的总抗拉强度 S，以及在填土内沿垂直方向开裂而产生的抗力 $S\tan\varphi_1$（φ_1 为填土的内摩擦角）。如以 O 为力矩中心，则前者的力臂为 a，后者的力臂为 b，则原最小安全系数为：

$$K_{min} = \frac{M_{抗}}{M_{滑}} \tag{6-29}$$

增加土工合成材料后的安全系数为：

$$K' = \frac{M_{抗} + M_{土工合成材料}}{M_{滑}} \tag{6-30}$$

故所增加的安全系数为：

$$\Delta K = \frac{S(a + b\tan\varphi_1)}{M_{滑}} \qquad (6\text{-}31)$$

当已知土工合成材料的强度 S 时，便可求得 ΔK。相反，当已知要求增加的 ΔK 时，便可求得所需土工合成材料的抗拉强度 S，以便选用土工合成材料现成厂商生产的商品。

荷兰法的计算模型是假定土工合成材料在和滑弧相切处形成一个与滑弧相适应的扭曲，且土工合成材料的抗拉强度 S（每米宽）可认为是直接切于滑弧（见图 6-29）。绕滑动圆心的力矩，其臂长即等于滑弧半径 R，此时抗滑稳定安全系数为：

$$K' = \frac{\sum(c_i l_i + Q_i\cos\alpha_i\tan\varphi_i) + S}{\sum Q_i\sin\alpha_i} \qquad (6\text{-}32)$$

式中　Q_i——某一分条的重力，kN；

c_i——土的黏聚力，kPa；

l_i——某分条滑弧的长度，m；

α_i——某分条与滑动面的倾角，(°)；

φ_i——土的内摩擦角，(°)。

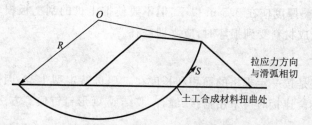

图 6-29　土工合成材料加固软土地基路堤的稳定分析（荷兰法）

所增加的安全系数为：

$$\Delta K = \frac{SR}{M_{滑}} \qquad (6\text{-}33)$$

通过上式即可确定所需要的 K' 值，从而推算 S 值，再用以选择土工合成材料产品的规格型号。

值得注意的是：除了应验算滑弧穿过土工合成材料的稳定性外，还应验算在土工合成材料范围以外路堤有无整体滑动的可能性，对以上两种计算均满足时，路堤才可认为是稳定的。

土工合成材料作为路堤底面垫层作用的机理，除了提高地基承载力和增加地基稳定性外，其中的一个主要作用就是减少堤底的差异沉降。通常土工合成材料可与砂垫层（0.5~1.0 m 厚）共同作为一层，这一层具有与路堤本身及软土地基不同的刚度，通过这一垫层将堤身荷载传递到软土地基中去，它既是软土固结时的排水面，又是路堤的柔性筏基。地基变形显得均匀，路基中心最终沉降量比不铺土工合成材料要小，施工速度可加快，且能较快地达到所需固结度，提高地基承载力。另外，路堤的侧向变形将由于设置土工合成材料而得以减小。国外 Broms 曾做过试验，在室内三轴试验的土样中，埋设 n 层土工合成材料圆片时，此时土样如同受到一个土工合成材料强度 nS 除以所埋土工合成材料间距 t 这一商值的围压,即该垫层可视为受到一个 nS/t 的预应力,这就可用以解释减小侧向变形的现象。

（3）加筋土挡墙。

土工合成材料作为拉筋材料可用于建造加筋土挡墙,其设计方法见 6.1.3 节。

6.2.5　施工技术

1）施工方法

（1）铺设土工合成材料时应注意均匀和平整;在斜坡上施工时应保持一定的松紧度,在护岸工程坡面上铺设时,上坡段土工合成材料应搭接在下坡段土工合成材料之上。

（2）对土工合成材料的局部地方,不要加过重的局部应力。如果用块石保护土工合成材料,施工时应将块石轻轻铺放,不得在高处抛掷。块石下落的高度大于 1 m 时,土工合成材料很可能被击破。有棱角的重块石在 3 m 高度下落便可能损坏土工合成材料。如块石下落的情况不可避免,应在土工合成材料上先铺一层砂子保护。

（3）土工合成材料用于反滤层作用时,要求保证连续性,不出现扭曲、折皱和重叠。

（4）在存放和铺设过程中,应尽量避免长时间的曝晒而使材料劣化。

（5）土工合成材料的端部要先铺填,中间后填,端部锚固必须精心施工。

（6）第一层铺垫厚度应在 0.5 m 以下,但不要使推土机的刮土板损坏所铺填的土工合成材料。当土工合成材料受到损坏时,应立即修补。

2）连接方法

土工合成材料是按一定规格的面积和长度在工厂进行定型生产,因此这些材料运到现场后必须进行连接。连接时可采用搭接、缝合、胶结或 U 形钉钉住等方法。

6.3　土钉技术

6.3.1　概　述

土钉法（soil nailing）是将一系列的钢筋（或钢绞索）水平或近于水平设置于拟加固的原位土边坡中,然后在坡面喷射混凝土或披挂预制面板而形成的,用以改良土体的抗剪强度而提高边坡的稳定性。它适用于开挖支护和天然边坡加固,是一项实用有效的原位岩土加筋技术。1972 年法国 Bouygues 在法国凡尔赛附近铁道拓宽线路的切坡中首次应用了土钉技术。其后,土钉法作为稳定边坡与深基坑开挖的支护方法在法国得到广泛应用。德国、北美在 20 世纪 70 年代中期开始应用此项技术。我国从 80 年代开始进行土钉的试验研究和工程实践,于 1980 年在山西柳湾煤矿边坡稳定中首次在工程中应用土钉技术。目前,土钉这一加筋新技术在我国正逐步得到推广和应用。

6.3.2　土钉的类型、特点及适用性

按施工方法,土钉可分为钻孔注浆型土钉、打入型土钉和射入型土钉三类。其施工方法及原理、特点及应用状况见表 6-7。

表 6-7　土钉的施工方法及特点

土钉类别	施工方法及原理	特点及应用状况
钻孔注浆型土钉	先在土坡上钻直径为 100～200 mm 的一定深度的横孔,然后插入钢筋、钢杆或钢绞索等小直径杆件,再用压力注浆充实孔穴,形成与周围土体密实黏合的土钉,最后在土坡坡面设置与土钉端部连接的联系构件,并用喷射混凝土组成土钉面层结构,从而构成一个具有自撑能力支挡其后面加固体的加筋域	土钉中应用最多的形式,可用于永久性或临时性的支挡工程中
打入型土钉	将钢杆件直接打入土中。欧洲多用等翼角钢(∟50×50×5～∟60×60×5)作为钉杆,采用专门施工机械,如气动土钉机,能够快速、准确地将土钉打入土中。长度一般不超过 6 m,用气动土钉机每小时可施工 15 根。其提供的摩阻力较低,因而要求钉杆表面积和设置密度均大于钻孔注浆型土钉	长期的防腐工作难以保证,目前多用于临时性支挡工程
射入型土钉	由采用压缩空气的射钉机依任意选定的角度将直径为 25～38 mm、长 3～6 m 的光直钢杆(或空心钢管)射入土中。土钉可采用镀锌或环氧防腐套。土钉头通常配有螺纹,以附设面板。射钉机可置于一标准轮式或履带式车辆上,带有一专门的伸臂	施工快速、经济、适用于多种土层,但目前应用还不广,有很大的发展潜力

土钉适用于地下水位低于土坡开挖段或经过降水使地下水位低于开挖层的情况。为了保证土钉的施工,土层在分阶段开挖时,应能保持自立稳定。为此,土钉适用于有一定黏结性的杂填土、黏性土、粉性土、黄土类土及弱胶结的砂土边坡。此外,当采用喷射混凝土面层或坡面浅层注浆等稳定坡面措施能够保证每一切坡台阶的自立稳定时,也可采用土钉支挡体系作为稳定边坡的方法。

对标准贯入击数低于 10 击或相对密实度低于 0.3 的砂土边坡,采用土钉法一般是不经济的;对不均匀系数小于 2 的级配不良的砂土,土钉法不可采用;对塑性指数 I_p 大于 20 的黏性土,必须仔细评价其徐变特性后,方可将土钉用作永久性支挡结构;土钉法不适用于软土边坡,这是由于软土只能提供很低的界面摩阻力,假如采用土钉稳定软土边坡,其长度与设置密度均需提得很高,且成孔时保护孔壁的稳定也较困难,技术经济综合效益均不理想;同样,土钉法不适用于侵蚀性土(如煤渣、矿渣、炉渣、酸性矿物废料等)中作为永久性支挡结构。

土钉作为一种施工技术,具有以下特点:

(1) 对场地邻近建筑物影响小。

由于土钉施工采用小台阶逐段开挖,且在开挖成型后及时设置土钉与面层结构,使面层与挖方坡面紧密结合,土钉与周围土体牢固黏合,对土坡的土体扰动较少。土钉一般都是快速施工,可适应开挖过程中土质条件的局部变化,易于使土坡得到稳定。

(2) 施工机具简单,施工灵活。

设置土钉采用的钻孔机具及喷射混凝土设备都属于可移动的小型机械,移动灵活,所需场地也小。此类机械的振动小、噪声低,在城市地区施工具有明显的优越性。土钉施工速度快,施工开挖容易成形,在开挖过程中较易适应不同的土层条件和施工程序。

（3）经济效益好。

据西欧统计资料，开挖深度在 10 m 以内的基坑，土钉比锚杆墙方案可节约投资 10%～30%。在美国，按其土钉开挖专利报告（ENR1976）所指出的可节省投资 30%左右。国内据 9 项土钉工程的经济分析统计，认为可节约投资 30%～50%。

土钉技术在其应用上也有一定的局限性，主要是：

（1）土钉施工时一般要先开挖土层 1～2 m 深，在喷射混凝土和安装土钉前需要在无支护情况下稳定至少几个小时，因此土层必须有一定的天然"凝聚力"，否则需先行处理（如进行灌浆等）来维持坡面稳定，但这样会使施工复杂和造价加大。

（2）土钉施工时要求坡面无水渗出。若地下水从坡面渗出，则开挖后坡面会出现局部坍滑，这样就不可能形成一层喷射混凝土面。

（3）软土开挖支护不宜采用土钉。因软土内摩擦力小，为获得一定的稳定性，势必要求土钉长、密度高。这时采用抗滑桩或锚杆地下连续墙较为适宜。

6.3.3 加固机理

土钉是由较小间距的加筋来加强土体，形成一个原位复合的重力式结构，用以提高整个原位土体的强度并限制其位移。这种技术实质上是"新奥隧道法"的延伸，它结合了钢丝网喷射混凝土和岩石锚栓的特点，对边坡提供柔性支托。加固机理主要表现在以下几个方面。

1）提高原位土体强度

由于土体的抗剪强度较低、抗拉强度更小，因而自然土坡只能以较小的临界高度保持直立。而当土坡直立高度超过临界高度，或坡面有较大超载以及环境因素等的改变时，都会引起土坡的失稳。为此，过去常采用支挡结构承受侧压力并限制其变形发展，这属于常规的被动制约机制的支挡结构。土钉则是在土体内增设一定长度与分布密度的锚固体，它与土体牢固结合而共同工作，以弥补土体自身强度的不足，增强土坡坡体自身的稳定性，它属于主动制约机制的支挡体系。国内学者通过模拟试验表明，土钉在其加强的复合土体中起着箍束骨架作用，提高了土坡的整体刚度与稳定性，土钉墙在超载作用下的变形特征表现为持续的渐进性破坏。即使在土体内已出现局部剪切面和张拉裂缝，并随着超载集度的增加而扩展，但仍可持续很长时间不发生整体塌滑，表明其仍具有一定的强度。然而，素土（未加筋）边坡在坡顶超载作用下，当其产生的水平位移远低于土钉加固的土坡时，就出现快速的整体滑裂和塌落（见图 6-30）。

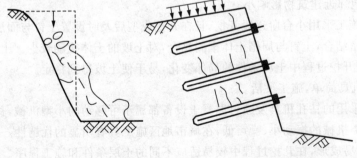

（a）素土边坡　　　　　　　　　　　　（b）土钉加筋边坡

图 6-30　素土边坡和土钉加筋边坡的破坏形式

此外,在地层中常有裂隙发育,当向土钉孔中进行压力注浆时,会使浆液顺着裂隙扩渗,形成网状胶结。当采用一次压力注浆工艺时,对宽度为 1～2 mm 的裂隙,注浆可扩成 5 mm 的浆脉,如图 6-31 所示。它必然增强土钉与周围土体的黏结和整体作用。

2）土与土钉间相互作用

类似加筋土挡墙内拉筋与土的相互作用,土钉与土间的摩阻力的发挥,主要是由于土钉与土间的相对位移而产生的。在土钉加筋的边坡内,同样存在着主动区和被动区(见图 6-32)。主动区和被动区内土体与土钉间摩阻力发挥方向正好相反,而被动区内土钉可起到锚固作用。

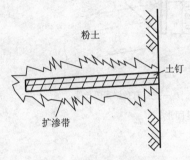

图 6-31　土钉浆液的扩渗

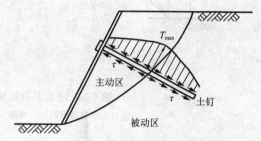

图 6-32　土与土钉间相互作用

土钉与周围土体间的极限界面摩阻力取决于土的类型、上覆压力和土钉的设置技术。美国 Elias 和 Juran(1988)在实验室做了密砂中土钉的抗拔试验,认为"加筋土挡墙内拉筋与土钉的设置方法不同,它的极限界面摩阻力也不相同。因此,加筋土挡墙的设计原则不能完全用来设计土钉结构,应对土钉做抗拔试验为最后设计提供可靠数据"。目前,土钉的极限界面摩阻力问题尚有待进行深入的理论和试验研究。

3）面层土压力分布

面层不是土钉结构的主要受力构件,而是面层上压力传力体系的构件,同时起保证各土钉不被侵蚀风化的作用。由于它采用的是与常规支挡体系不同的施工顺序,因而面层上土压力分布与一般重力式挡土墙不同。山西某黄土边坡土钉工程原位观测如图 6-33 所示。试验指出,实测面层土压力随着土钉及面层的分阶段设置而产生不断变化,其分布形式不同于主动土压力,王步云等认为可将其简化为图中曲线 3 所示的形式。

4）破裂面形式

对均质土陡坡,在无支挡条件下的破坏是沿着库仑破裂面发展的,这已被许多试验和实际工程所证实。对原位加筋土钉复合陡坡的破坏形式进行了原位试验及理论分析,并获得了如图 6-34 所示的结果。试验土坡的土质为黄土类粉土与粉质黏土。实测土钉复合陡坡的破裂面不同于库仑破裂面,王步云等建议采用如图 6-34(b)中

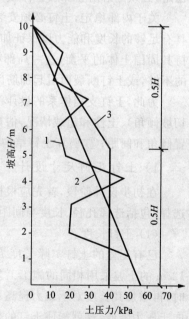

图 6-33　土钉面层土压力分布
1—实测土压力;2—主动土压力;
3—简化土压力

的简化破裂面形式。

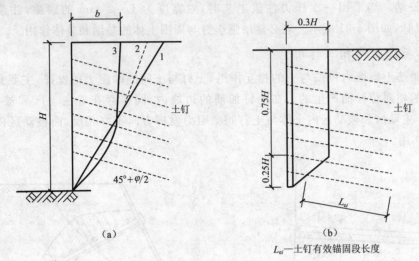

（a）

（b）

L_{ei}—土钉有效锚固段长度

图 6-34　土钉复合陡坡破裂面形式

1—库仑破裂面；2—有限元解；3—实测值

6.3.4　设计计算

如同重力式挡土墙的设计一样，土钉结构的稳定必须经受外力和内力的作用。

关于外部稳定方面的要求：① 加筋区必须能抵抗其后面的非加筋区的外推力而不滑动；② 在加筋区自重及其所承受侧向土压力共同作用下，不引起地基失稳；③ 挡土结构的稳定，必须考虑防止深层整体破坏。

关于内部稳定，土钉必须安装紧固，以保证加筋区内土钉与土有效的相互作用。土钉应具有足够的长度和能力以保证加筋区的稳定。因此设计时必须考虑：① 单根土钉必须能维持其周围土体的平衡，这一局部稳定条件控制着土钉的间距；② 为防止土钉与土间结合力的不够，或土钉断裂而引起加筋区整体滑动破坏，要求控制土钉的所需长度。

为此，土钉支挡体系的设计一般应包括以下几个步骤：① 根据土坡的几何尺寸（深度、切坡倾角）、土性和超载情况，估算潜在破裂面的位置；② 选择土钉的形式、截面积、长度，设置倾角和间距；③ 验算土钉结构的内外部稳定性。

1）土钉几何尺寸设计

在初步设计阶段，首先应根据土坡的设计几何尺寸及可能潜在破裂面的位置等做初步选择，包括选择孔径、长度与间距等基本参数。

（1）土钉长度。

已有工程的土钉实际长度 L 均不超过土坡的垂直高度。抗拔试验表明，对高度小于 $12\ \mathrm{m}$ 的土坡采用相同的施工工艺，在同类土质条件下，当土钉长度达到一倍土坡垂直高度时，再增加其长度对承载力提高不明显。Schlosser（1982）认为，当土坡倾斜时，倾斜面使侧向土压力降低，这就能使土钉的长度比垂直加筋土挡墙拉筋的长度短。因此，常采用土钉的长度为坡面垂直高度的 $60\%\sim70\%$。Bruce 和 Jewell（1987）通过对十几项土钉工程分析表明：① 对钻孔注浆型土钉，用于粒状土陡坡加固时，其长度比（土钉长度与坡面垂直高度之比)一般为 0.5～0.8,用于冰碛物或泥灰岩边坡时,长度比一般为 0.5～1.0;② 对打入型土钉,用于加固粒状土陡坡时,其长度比一般为 0.5～0.6。

(2) 土钉孔径及间距布置。

土钉孔径 d_h 可根据成孔机械选定。国外对钻孔注浆型土钉钻孔直径一般为 76～150 mm;曾采用的土钉钻孔直径为 100～200 mm。

土钉间距包括水平间距(行距)和垂直间距(列距)。王步云等认为,对钻孔注浆型土钉,应按 6～8 倍土钉钻孔直径 d_h 选定土钉行距和列距,且应满足:

$$S_x S_y = k d_h L \tag{6-34}$$

式中　S_x,S_y——土钉行距与列距,m;

　　　k——注浆工艺系数,对一次压力注浆工艺,取 1.5～2.5。

Bruce 和 Jewell(1987)统计分析表明,对钻孔注浆型土钉用于加固粒状土陡坡时,其黏结比 $d_h L/(S_x S_y)$ 为 0.3～0.6,用于冰碛物和泥灰岩时,其黏结比为 0.15～0.20;对打入型土钉,用于加固粒状土陡坡时,其黏结比为 0.6～1.1。

(3) 土钉主筋直径 d_b 的选择。

为了增强土钉中筋材与砂浆(细石混凝土)的握裹力和抗拉强度,打入型土钉一般采用低碳角钢;钻孔注浆型土钉一般采用高强度实心钢筋,筋材也可采用多根钢绞线组成的钢绞索。王步云等建议,土钉的筋材直径 d_b 可按下式估算:

$$d_b = (20 \sim 25) \times 10^{-3} \sqrt{S_x S_y} \tag{6-35}$$

但国外的统计资料表明(Bruce 和 Jewell,1987),对钻孔注浆型土钉,用于粒状土陡坡加固时,其布筋率 $d_b^2/(S_x S_y)$ 为 $(0.4 \sim 0.8) \times 10^{-3}$,用于冰碛物和泥灰岩时,其布筋率为 $(0.10 \sim 0.25) \times 10^{-3}$;对打入型土钉,用于粒状土陡坡时,其布筋率为 $(1.3 \sim 1.9) \times 10^{-3}$。

2) 内部稳定性分析

土钉结构内部稳定性分析,国内外有几种不同的设计计算方法,主要的有:美国的 Davis 法、英国的 Bridle 法、德国法及法国法。国内也有王步云所提的方法。这些方法的设计计算原理都是考虑土钉被拔出或被拔断。以下只介绍两种设计方法。

(1) 国内方法。

① 抗拉断裂极限状态。

在面层土压力作用下,土钉将承受抗拉应力,为保证土钉结构内部的稳定性,应使土钉主筋具有一定安全系数的抗拉强度。为此,土钉主筋的直径 d_b 应满足下式:

$$\frac{\pi d_b^2 f_y}{4 E_i} \geqslant 1.5 \tag{6-36}$$

式中　f_y——主筋抗拉强度设计值,kPa;

　　　E_i——第 i 列单根土钉支撑范围内面层上的土压力,kN。

E_i 可按下式计算:

$$E_i = q_i S_x S_y \tag{6-37}$$

式中　q_i——第 i 列土钉处的面层土压力,kN。

q_i 可按下式计算:

$$q_i = m_c K \gamma h_i \tag{6-38}$$

式中 h_i——土压力作用点至坡顶的距离,当 $h_i > H/2$ 时取 $h_i = H/2$,m;

m_e——工作条件系数,对使用期不超过 2 年的临时性工程 $m_e = 1.0$,对使用期超过 2 年的永久性工程 $m_e = 1.2$;

K——土压力系数,取 $K = (K_0 + K_a)/2$,K_0,K_a 分别为静止、主动土压力系数;

H——土坡垂直高度,m;

γ——土的重度,kN/m³。

② 锚固极限状态。

在面层土压力作用下,土钉内部潜在滑裂面后的有效锚固段应具有足够的界面摩阻力而不被拔出。为此,应满足下式:

$$\frac{F_i}{E_i} \geqslant K \tag{6-39}$$

式中 F_i——第 i 列单根土钉的有效锚固力;

K——安全系数,取 1.3~2.0,对临时性土钉工程取小值,永久性土钉工程取大值。

F_i 按下式计算:

$$F_i = \pi \tau d_b L_{ei} \tag{6-40}$$

式中 L_{ei}——土钉有效锚固段长度,计算断面如图 6-34(b)所示,m;

τ——土钉与土间的极限界面摩阻力,kN/m²。

τ 应通过抗拔试验确定。在无实测资料时可参考表 6-8 取值。

表 6-8 不同土质中土钉的极限界面摩阻力 τ 值

土 类	τ/kPa
黏 土	130~180
弱胶结砂土	90~150
粉质黏土	65~100
黄土类粉土	52~55
杂填土	35~40

注:适用于一次注浆的土钉。

(2)法国的 Schlosser 方法。

① 土钉与土间的界面摩阻力。

对没有超载或均匀超载的情况,土钉结构可能产生的破裂面与垂线的倾角 $\delta = 90° - (\beta + \varphi)/2$($\varphi$ 为土的摩擦角),如图 6-35 所示。考虑作用于土钉侧面的水平应力,土钉与土间的界面摩阻力为:

$$F_{Ni} = L_{ei} h_i' d_h [2 + (\pi - 2)K_0] \tan \varphi \tag{6-41}$$

式中 F_{Ni}——土钉与土间的极限界面摩阻力,kN;

L_{ei}——土钉有效锚固段长度,m;

φ——土与土钉间摩擦角,(°);

K_0——静止土压力系数,$K_0 \approx 1 - \sin \varphi$;

h_i'——土钉有效锚固长度以上的土层厚度,m。

计算单位宽度内若干土钉的总摩阻力 $\sum F_{Ni}$ 及侧向总压力 E：

$$E = \frac{1}{2} K_a \gamma H^2 \qquad (6-42)$$

式中　γ——土的重度，kN/m^3；

　　　H——土坡垂直高度，m；

　　　K_a——主动土压力系数。

$$K_a = \left[\frac{\sin(\beta - \varphi)}{(\sin \beta)^{1.5} + (\sin \beta)^{0.5} \sin \varphi} \right]^2 \qquad (6-43)$$

土钉结构的安全系数 $K = \sum F_{Ni} / E$，考虑到目前为止已建立土钉工程的数量有限，建议 K 取 2.5。

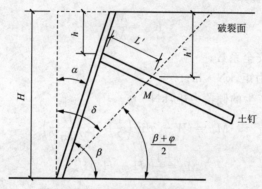

图 6-35　土钉结构破裂面与垂线倾角

② 土钉承受的拉力。

每根土钉中产生的拉力可假定为作用于土钉所控制坡面面层上的侧向土压力。由于面层上的侧向土压力是随着土钉设置深度的增大而增大。因此，最底层的土钉上的拉力将是最大，其值可按下式计算：

$$T = K_a \gamma h_m S_x S_y \qquad (6-44)$$

式中　T——土钉的拉力，kN；

　　　h_m——最底层土钉的深度，m；

　　　S_x, S_y——土钉间的水平间距和垂直间距，m。

当土钉主筋具有极限强度 f_u 时，材料抗拉安全系数 K' 为：

$$K' = \frac{f_u \pi d_b^2}{4T} \qquad (6-45)$$

3）外部稳定性分析

土钉加筋土体形成的结构可看作一个整体。为此，其外部稳定性分析可按重力式挡墙考虑，包括土钉结构的抗倾覆稳定、抗滑移稳定以及地基强度等验算。如图 6-36 所示，计算时纵向取一个单元，即一个土钉的水平间距进行计算。

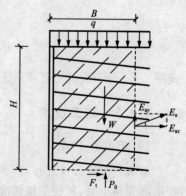

图 6-36　土钉墙计算模型

（1）抗滑稳定性验算。

$$K_H = \frac{F_t}{E_{ax}}$$ (6-46)

式中　K_H——抗滑安全系数；

　　　F_t——假设墙底断面上产生的抗滑合力；

　　　E_{ax}——假设土钉墙后主动土压力水平分力。

$$F_t = (W + qB)S_x \tan\varphi + cBS_x$$

式中　B——土钉加筋土体的宽度，m；

　　　W——土钉加筋土体的自重，kN；

　　　q——作用在土钉加筋土体上的均布荷载，kN/m。

（2）抗倾覆稳定性验算。

$$K_Q = \frac{M_w}{M_e}$$ (6-47)

式中　K_Q——抗倾覆安全系数；

　　　M_w——抗倾覆力矩，kN·m；

　　　M_e——土压力产生的倾覆力矩，kN·m。

$$M_w = (W + qB)\left(\frac{1}{2}B + \frac{H}{2\tan\beta}\right)$$

$$M_e = \frac{1}{3}(H + H_0)E_{ax}$$

$$H_0 = q/\gamma$$

式中　H_0——均布荷载 q 转化成的当量土层的厚度，m。

（3）墙底部土承载力验算。

$$K_e = \frac{Q_0}{P_0}$$ (6-48)

式中　Q_0——墙底部部分塑性承载力，kPa；

　　　P_0——墙底部处最大压应力，kN。

$$Q_0 = \frac{\pi c \cot\varphi + \frac{1}{3}\gamma B}{\cot\varphi + \varphi - \frac{\pi}{2}} + \gamma H$$

$$P_0 = \frac{(W + qB)}{B} + 6\frac{M_e - E_{ay}B}{B^2}$$

式中　E_{ay}——假设土钉墙后主动土压力垂直分力，kN。

6.3.5　施工技术

1）开挖和护面

基坑开挖应分步进行，分步开挖深度主要取决于暴露坡面的"直立"能力。另外，当要求变形必须很小时，可视工地情况和经济效益将分步开挖深度降至最低。在粒状土中开挖深度一般为 0.5～2.0 m，而对超固结黏性土则开挖深度可较大。

考虑到土钉施工设备,分步开挖至少要 6 m 宽。开挖长度则取决于交叉施工期间能保持坡面稳定的坡面面积。当要求变形必须很小时,开挖可按两段长度分先后施工,长度一般为 10 m。

使用的开挖施工设备必须能挖出光滑规则的斜坡面,最大限度地减小支护土层的扰动。任何松动部分在坡面支护前必须予以消除。对松散的或干燥的无黏性土,尤其是当坡面受到外来振动时,要先行进行灌浆处理,在附近爆破可能产生的影响也必须予以考虑。

一般坡面支护必须尽早进行,以免土层出现松弛或剥落。在钻孔前一般须进行安装钢筋网和喷射混凝土工作。对打入型土钉,通常使用角钢做土钉,在安装钢筋网和喷射混凝土前先将角钢打入土层中。

对临时工程,最终坡面面层厚度为 50～150 mm;对永久工程,面层厚度为 150～250 mm。根据土钉类型、施工条件和受力过程的不同,表层可做一层、两层或多层。在喷射混凝土前可将一根短棒打入土层中,以作为混凝土喷射厚度的量尺。最后一道建筑装饰工序是在最后一层大约 50 mm 厚的喷射混凝土上调色,或制成大块的调色板。

2）排水

应提前沿坡顶挖设排水沟排除地表水,并在第一步开挖喷射混凝土期间可用混凝土做排水沟覆面。一般对支挡土体有以下三种主要排水方式:

(1) 浅部排水。

使用 300～400 mm 长的管子可将坡后水迅速排除。这些管子直径通常为 100 mm,其间距依地下水条件和冻胀破坏的可能性而定。

(2) 深部排水。

用开缝管做排水管,长度通常比土钉长,管径 50 mm,上斜 5°或 10°。其间距取决于土体和地下水条件,一般坡面每 3 m² 布置一个。

(3) 坡面排水。

在喷射混凝土坡面前,贴着坡面按一定的水平间距布置竖排水设施,其间距取决于地下水条件和冻胀力的作用,一般为 1～5 m。这些排水管在每步开挖的底部有一个接口,贯穿于整个开挖面。在最底部由泄水孔排入集水系统。排水道可用土工合成材料预制,并需要保护(如采用聚乙烯材料包扎),防止喷射混凝土时渗入混凝土。坡面排水可代替前述浅部排水。

3）土钉设置

在多数情况下,土钉施工可按土层锚杆技术规范和条例进行。钻孔工艺和方法与土层条件、装备和施工单位的手段与经验有关。

4）土钉防腐

在标准环境里,对临时支护工程,一般仅由灌浆做锈蚀防护层。有时在钢筋表面加一环氧涂层,对永久性工程,就在筋外加一层至少有 5 mm 厚的环状塑料护层,以提高锈蚀防护的能力。

参考文献

[1] 建筑地基处理技术规范. JGJ 79—2012. 北京:中国建筑工业出版社,2013.

[2] 建筑地基基础设计规范. GB 50007—2011. 北京:中国建筑工业出版社,2012.

[3] 建筑桩基技术规范. JGJ 94—2008. 北京:中国建筑工业出版社,2008.

[4] 建筑结构荷载规范. GB 50009—2012. 北京:中国建筑工业出版社,2012.

[5] 郑俊杰. 地基处理技术. 武汉:华中科技大学出版社,2004.

[6] 龚晓南,叶书麟. 地基处理. 北京:中国建筑工业出版社,2005.

[7] 刘永红. 地基处理. 北京:科学出版社,2005.

[8] 龚晓南. 地基处理技术发展与展望. 北京:中国水利水电出版社,2004.

[9] 曾国熙,卢肇钧,蒋国澄,等. 地基处理手册. 北京:中国建筑工业出版社,1988.

[10] 林彤. 地基处理. 武汉:中国地质大学出版社,2007.

[11] 左名麒,等. 地基处理实用技术. 北京:中国铁道出版社,2005.

[12] 铁路路基支挡结构设计规范. TB 10025—2006. 北京:中国铁道出版社,2006.

[13] 夏念恩. 土钉墙支护技术在深基坑支护工程中的应用研究. 武汉:华中科技大学,2006.

[14] 叶书麟,叶观宝. 地基处理. 北京:中国建筑工业出版社,1997.

[15] 彭大用,张觉生. 地基处理手册. 第2版. 北京:中国建筑工业出版社,2002.

[16] 李海光,等. 新型支挡结构设计与工程实例. 北京:人民交通出版社,2004.

[17] 王立峰,何俏江,朱向荣,等. 土钉墙支护结构综述. 岩土工程学报,2006,28(增刊):1681-1686.

[18] 中华人民共和国建设部. 建筑基坑支护技术规程. JGJ 120—99. 北京:中国建筑工业出版社,1999.

[19] 中国工程建设标准化协会标准. 基坑土钉支护技术规程(CECS96:97). 北京:中国工程建设标准化协会,1997.

[20] 中国土木工程学会. 注册岩土工程师专业考试复习教程. 北京:中国建筑工业出版社,2007.

[21] 林宗元. 岩土工程治理手册. 北京:中国建筑工业出版社,2005.